BEGAN VEGAN

오늘부터 우리는 비건 집밥

100% 식물성 재료로 만드는 국, 찌개, 반찬 52

제로비건
김보배 지음

길벗

오늘부터 우리는 비건 집밥

초판 발행 · 2021년 12월 7일

지은이 · 제로비건 김보배
발행인 · 이종원
발행처 · (주) 도서출판 길벗
출판사 등록일 · 1990년 12월 24일
주소 · 서울시 마포구 월드컵로 10길 56 (서교동)
대표전화 · 02) 332-0931 | **팩스** · 02)323-0586
홈페이지 · www.gilbut.co.kr | **이메일** · gilbut@gilbut.co.kr

편집팀장 · 민보람 | **기획 및 책임편집** · 정희경(livelhee@gilbut.co.kr) | **제작** · 이준호, 손일순, 이진혁
영업마케팅 · 한준희 | **웹마케팅** · 김윤희, 김선영 | **영업관리** · 김명자 | **독자지원** · 송혜란, 윤정아, 홍혜진

디자인 · 박찬진 | **교정교열** · 조진숙
푸드스타일링 · 정재은 | **사진** · 장봉영 | **사진 어시스턴트** · 박효정, 신지우
CTP 출력 · 인쇄 · 제본 · 영림 인쇄

ISBN 979-11-6521-774-7(13590)
(길벗 도서번호 020185)

정가 15,000원

독자의 1초까지 아껴주는 정성 길벗출판사
(주)도서출판 길벗 | IT실용, IT/일반 수험서, 경제경영, 취미실용, 인문교양(더퀘스트) www.gilbut.co.kr
길벗이지톡 | 어학단행본, 어학수험서 www.eztok.co.kr
길벗스쿨 | 국어학습, 수학학습, 어린이교양, 주니어 어학학습, 교과서 www.gilbutschool.co.kr
페이스북 · www.facebook.com/gilbutzigy | **트위터** · www.twitter.com/gilbutzigy

“

독자의 1초를 아껴주는 정성!

세상이 아무리 바쁘게 돌아가더라도

책까지 아무렇게나 빨리 만들 수는 없습니다.

인스턴트 식품 같은 책보다는

오래 익힌 술이나 장맛이 밴 책을 만들고 싶습니다.

땀 흘리며 일하는 당신을 위해

한 권 한 권 마음을 다해 만들겠습니다.

마지막 페이지에서 만날 새로운 당신을 위해

더 나은 길을 준비하겠습니다.

독자의 1초를 아껴주는 정성을 만나보십시오.

”

일러두기

1) 이 책에 소개된 레시피는 닭 없는 닭죽(144p)을 제외하고 모두 2인분 기준입니다. 죽의 경우 조리 후 양이 생각보다 많을 수 있어 1인분(밥 1공기) 기준으로 용량을 적었습니다.

2) 레시피 재료 속 채소의 용량은 거의 g으로 표기했습니다. 계절에 따라 채소의 크기와 수분량이 다를 수 있어 무게를 기준으로 정리했습니다.

3) 이 책의 가루와 액체류의 계량은 밥숟가락을 기준으로 적었습니다. 밥숟가락에 평평하게 담는 것을 원칙으로 합니다. 양념의 경우 책의 용량을 참고하되 입맛과 취향에 따라 간을 맞추길 바랍니다.

일상 속에서 환경을 위해 조금씩 실천하는 것

•
•
•

현재 이 책을 선택해 제 글을 읽고 있는 분이라면, 채식을 매일 하고 안 하고를 떠나서 이미 지구를 위한 마음을 가지고 있으리라 생각합니다. 그리고 그 마음 하나면 비건 집밥을 시작하기에 충분히 준비 완료! 하신 겁니다. 너무 어렵고 무겁게 생각하지 마세요. 그 누구도 제로 웨이스터와 비건의 삶을 완벽하고 온전하게 살기란 어렵습니다.

일상 속에서 환경을 위해 조금씩 실천하는 것, 지속 가능한 채식 루틴을 만드는 것이 더 소중합니다. 버려지는 일회용품을 보며 노력해야겠다, 고통받는 동물을 보며 잊지 말아야겠다 하고 생각한다면 오늘부터, 아니 오늘만큼은 멸치 대신 채소를 우려 요리해 보세요. 오늘만 달걀 없이 밥상을 차려보세요. 생각만큼 어렵지 않을 수도 있고 생각보다 맛의 차이가 없어 놀랄지도 모릅니다.

저는 이 책을 통해 '비건이 되어 살아가세요!'라고 외치고 있는 것이 아닙니다. 비건이냐 논비건이냐 나누는 것보다 다름에 대해 서로 배려하는 것이 훨씬 가치 있는 일입니다. 오늘도 배려해주셔서 감사합니다.

CONTENTS

Part 1.

Varied

Part 2.

Experience

Part 3.

Great 74

위대한 반전, 반찬

Part 4.

Attitude 104

버섯을 대하는 자세

Part 5.

Now, begin 128

한 그릇부터 시작하는 비건 집밥

◈

INTRO 1.

Author's episode

저만 행복하면 되는 줄 알았습니다
그런데...

많은 것을 가졌던 시기가 있습니다. 갖고 싶은 것이 많았고, 가지면 가질수록 새롭고 다양한 걸 찾아 발버둥 치던 일상을 보냈습니다. 삶의 기준점을 오로지 저에게 맞추고 욕심을 채우기 위한 노력으로 하루를 보내며, 충분히 잘 살고 있다 생각했습니다. 그런데 명확한 이유를 모른 채 마음이 헛헛하고 눈물이 흐를 때가 있었습니다. 순간순간 불쑥 찾아오는 슬픈 감정에 힘들던 그 시기에 우연히 유튜브에서 바다거북이 코에 플라스틱 빨대가 꽂힌 상태로 구조되는 영상을 보았습니다. 코에서 피가 흐르는 너무도 고통스러운 모습을 한 바다거북을 보니 제 마음속 바닥에서부터 미안함과 죄책감이 올라와 대성통곡을 했습니다.

'내가 나만을 위하며 사는 동안 관심 밖이던 다른 한편에선 이렇게 고통받고 있는 존재가 있었구나'

라는 생각이 머릿속을 떠나지 않았습니다. 바다거북의 모습을 본 후 무관심했던 주변을 둘러보기 시작했습니다. 제일 처음으로 보았던 것은 바로 점점 병들어가는 지구였습니다. 저는 바다를 좋아합니다. 여행을 떠날 때 바다 보는 것을 우선순위에 두거나 바다를 찾아가 서핑하는 것을 즐기곤 합니다. 그러한 바다에 플라스틱과 유리병 쓰레기가 넘쳐나는 모습은 충격이었고 무분별한 전기와 가스 사용으로 인한 기후 변화는 이미 위기의 상황으로 향하고 있었습니다. 이 지구에서 나는 행복하고 편안하기 위해 살고 있는데, 정작 지구는 불행한 모습으로 변한 상태였습니다. 부끄럽고 또 부끄러웠습니다.

지구야 미안해 시작하는 제로 웨이스터

세상을 바라보는 제 안의 초점이 달라지자, 일상 속 움직임도 서서히 바뀌었습니다. 이유도 모르고 고통받는 바다거북을 위해 할 수 있는 일이 무엇일까 고민했습니다. 일회용품 및 생활 쓰레기를 줄이고 플라스틱 제품을 늘리지 않는 것처럼 당장 할 수 있는 일부터 시작했습니다. 텀블러를 매일 가지고 다니면서 일회용 컵 사용을 줄이고, 플라스틱 빨대는 정중하게 거절하고 장바구니나 에코백을 소지해 비닐봉지 사용을 줄였습니다. 플라스틱 통에 들어 있는 제품을 새로 사는 것 대신 리필 스테이션(refill station)이 마련된 제로 웨이스트 숍 157p을 방문해 빈 통에 액체를 채워 왔고, 조금씩 고체 비누 제품으로 대체해 나갔습니다. 작은 실천이 하나하나 쌓여 제 일상은 지구 편으로 서서히 방향을 틀고 있었습니다.

조금 더 편하게 살기 위해 아등바등할 때보다 마음은 더 풍요롭고 평안해졌습니다. 제 행동이 지구에게 도움이 된다는 사실에 뿌듯함을 느끼고, 작고 평범한 제가 조금이나마 괜찮은 사람으로 나아가고 있는 것 같다는 생각에 든든합니다. 고맙고 미안한 지구를 위해, 오늘도 작은 실천을 이어가는 중입니다. 한 사람 한 사람의 로임팩트(low-impact)가 모이면 우리가 진정 원하는 세상이 올 것이라고 생각합니다. 소중한 로임팩트를 모아주세요. 지구가 건강하게 변화하기 전에 여러분에게 행복하고 안정된 일상이 먼저 찾아올지도 모릅니다.

제로 웨이스터에서 비건이 되다

제로 웨이스트를 실천하면서 그동안 느끼지 못했던 새로운 감정을 느꼈고 자연스럽게 환경에 대한 공부를 하게 되었습니다. 도서 《아무튼 비건》과 다큐멘터리 《What the health》를 찾아보면서 더 깊이 있게 환경 문제를 들여다보았습니다. 심각성을 크게 느꼈던 부분은 환경을 오염시키는 산업 1위가 '공장식 축산업'이라는 점입니다. 전 세계 온실가스 배출량의 17% 정도가 축산업을 통해 배출되는데, 그중 동물성 제품과 관련된 비중이 61%가 넘는다는 사실을 알게 되었습니다. 비건 생활을 이어가는 사람들의 동기는 각기 다르지만 저의 경우 무엇을 어떻게 먹느냐에 따라 환경에 미치는 영향이 달라질 수 있다는 점이 놀라웠습니다. 그렇게 저는 육식을 멈추는 것을 목표로 페스코 베지테리언(유제품과 가금류의 알, 어패류를 섭취하는 채식주의자)에서 현재는 비건(식물성 음식만 섭

취하는 엄격한 채식주의자)이 되어 살아가고 있습니다.

주변 분들은 비건의 삶을 산다고 하면 다들 대단한 결심이다, 어려운 결정을 했다고 말씀하시지만 저는 생각보다 자연스럽게 삶의 방향을 바꾸었습니다. 처음부터 완벽하게 채식주의를 행하기보다 페스코 베지테리언 시기를 1년 넘게 충분히 지냈기에 가능했다고 생각합니다. 여러분도 한 달에 하루, 혹은 일주일에 하루 정도 채식 삼시세끼를 먹는 '채요일'을 시작해보는 건 어떠신가요? 여러분이 비건인지 논비건인지는 사실 중요하지 않습니다. 하루를 채식 한 끼로 보냈을 때 맛있고 든든한 기분이 들었는지, 각자의 몸이 어떻게 반응하는지 살펴보세요. 몸 상태와 상황에 맞게 일상 속에서 채식을 취하는 비율을 조금씩 늘려 지속성 있고 균형 잡힌 식습관을 만들어가기를 바랄 뿐입니다. 그 습관이 곧 지구를 살릴 것입니다.

18 비건이라고 한식 포기할 수는 없잖아요

비건 생활을 외국에서 시작한 저는 그 당시에는 생활하는 데에 어떠한 어려움도 불편함도 없었습니다. 긴 타국 생활을 마치고 한국으로 돌아올 때 비건 생활이 한국에서는 대중적이지 않기 때문에 일상에서 꽤 어려울 수 있겠다 예상은 했습니다. 하지만 한국에서의 비건 생활은 예상보다도 훨씬 가혹했습니다.

일반 음식점 중 비건 옵션을 갖춘 곳은 거의 0%였으며, 비건 메뉴를 판매하는 비건 음식점 대다수는 피자, 파스타, 샐러드, 햄버거와 같은 양식 위주로 메뉴가 구성되어 있었고 가격대도 다소 부담스러웠습니다. 비건이 아닌 지인과 일반 음식점을 방문했을 때 동물성 재료를 빼고 조리해주실 수 있을지 요청하면 까다롭다, 예민하다, 귀찮게 하지 말고 다른 곳가서 먹으라는 대답이 돌아오기 일쑤였습니다. 비건 생활을 하는 제 취향과 가치관을 존중받기가 너무 어렵다는 생각에 좌절감을 느꼈습니다.

'내가 지금 잘못된 삶을 살고 있는 걸까? 미래와 지구를 위해 선택한 나의 가치관이 주변 사람들에게 피해를 주고 그들을 불편하게 하는 걸까? 비건, 논비건 대체 무엇이 더 큰 문제인 걸까?'

한국에서 이어가고자 한 비건 생활은 시작과 동시에 많은 혼란과 고민이 뒤따랐습니다. 하지만 고민의 결론은 명확했습니다. 채식을 왜 해야 하는지, 채식을 하면 지구에 어떤 이로움이 있는지, 곧 채식의 필요성과 가치에 대해 우리는 지금까지 잘 모르고 있었던 것뿐입니다. 채식을 주제로 자연스럽게 이야기하는 분위기조차 없었던 것이고요. 저는 이 책을 집필하면서 우리가 늘 먹는 집밥에 동물성 재료가 꽤 많이 들어간다는 걸 다시금 깨달았습니다. 기존에 먹던 익숙한 맛은 유지하면서 온전히 동물성 재료를 식물성 재료로 대체해 한식 레시피를 구성하는 일이 쉽지는 않았습니다. 레시피를 구성하며 생각했던 제 유일한 바람은, 여러분이 책 속의 레시피로 한 끼를 차려보고 나서 겉보기에

"이 한 상이 비건 한식이라고? 이게 채식이 맞다고?"

이어서 맛을 보았는데

"뭐가 다르다는 거지? 맛도 거의 똑같은데?"

라는 생각을 많이 하셨으면 좋겠다는 겁니다. 비건 한식은 어렵고 특별한 끼니가 아니라 평범한 한 끼입니다. 그렇지만 환경과 지구를 위해 우리 식탁 위의 밥, 국, 반찬을 비건 한식으로 대체할 필요가 있습니다.

평범한 일상을 되찾는 비건과 선입견을 내려놓는 논비건에게

저에게 너무도 간절했고 필요했던 메뉴, '국밥'으로 비건 식당의 문을 열었습니다. 어딜 가도 쉽게 찾을 수 있는 국밥집인데 비건들에게는 죽을 때까지 먹기 힘든 음식 중 하나가 바로 국밥이었습니다. 소고기, 돼지고기, 닭고기, 멸치, 황태 등으로 국물과 건더기가 구성된 기존의 국밥을 채수 버전, 비건 버전으로 만드는 게 불가능한 일은 아니라고 생각했습니다. 국물 없이 못 사는 비건들을 위해 제가 채수 해장국집을 차려야겠다 마음을 굳게 먹었죠. 한편 육식을 즐기는 분들도 컨디션에 따라 국밥의 채수 버전을 선택할 수 있다면, 뜨끈하지 않고 얼큰하지 않을 것 같은 채식에 대한 선입견을 덜어낼 수 있지 않을까 하는 기대감도 있었습니다.

채수 해장국을 개발해 판매할 당시 주로 방문하시던 저희 비건 손님들은 '잘 먹었습니다'라는 인사 대신 '만들어 주셔서 감사합니다'라는 말을 하셨습니다. 이 말에 마음이 울컥했던 날이 하루 이틀은 아니었습니다. 한국에서 비건으로 생활한다는 것은 여전히 풀어가야 할 숙제가 많은 삶입니다. 그리고 그 틈에서 저는 오늘도 비건 한식을 대중화시키는 사명감을 가지고 사업을 꾸려 나가고 있습니다.

고기 육수, 해산물 육수 옆에 채수 옵션이 함께하는 그 날까지

비건 한식의 대중화를 위해 제가 시작할 수 있는 일은 고기로 만든 음식과 채소로 만든 음식의 맛의 차이를 좁히는 것이었습니다.

"동물성 재료를 넣지 않고 채소로만 요리하면 맛이 없지 않나요? 육수는 맛이 깊고 진한데 채수는 밍밍하고 싱겁지 않을까요?"

비건 한식을 둘러싼 다양한 의문과 선입견 중 제가 풀 수 있는 건 '맛'이라고 생각했습니다. 연구한 끝에 그 정답을 찾았습니다. 고기여서 맛있고 채소라서 맛이 없는 것이 아니라 각자에게 익숙한 맛을 맛있다고 한다는 것입니다. 그동안 주로 먹어온 맛에 익숙해졌기 때문에 고기가 들어간 음식을 주식으로 먹어온 사람이라면 비교적 채소 요리는 맛이 없다고 느낄 수 있는 것입니다. 그래서 고기 맛의 포인트를 명확히 파악하고, 그 맛을 메울 식물성 재료를 찾아 대체했습니다. 저희 식당을 찾는 논비건 손님들이 채수 해장국을 드시고 고기 없이 어떻게 이러한 맛이 나는 것이냐, 비건 음식이라고 말하지 않으면 모르겠다는 반응을 보여주실 때마다 자신감이 조금씩 생기기 시작했습니다.

식당에서 판매했던 칼칼 채수 해장국 단일 메뉴를 시작으로 이 책을 채우기까지 총 52개의 레시피가 탄생했습니다. 꾸준히 비건 한식을 연구하고 개발한 제 노력의 결과를 여러분과 공유하고 싶습니다. 저는 앞으로도 '맛'에 대한 연구를 지속할 것입니다. 더 나아가 영양학적으로도 공부해 보고 싶은 마음입니다. 이 책을 통해 많은 분들이 동물성 재료를 넣지 않아도 충분히 맛있고 든든한 한식을 즐길 수 있다는 것을 경험하시길 바랍니다. Began vegan!

INTRO 2.

Before you cook

비건 집밥을 차리기 전에
알아두세요

1. 채식주의자 종류
2. 채수 만들기
3. 만능 비건 양념장 만들기
4. 비건 제품 구입하기

1. 채식주의자 종류

: 서서히 시작하는 채식 식습관

	육류	가금류	어패류	달걀	유제품	채소	과일
플렉시테리언							
폴로 베지테리언							
페스코 베지테리언							
락토오보 베지테리언							
락토 베지테리언							
오보 베지테리언							
비건							
프루테리언							

You

What you eat

2. 채수 만들기

: 키포인트는 바로 청양고추

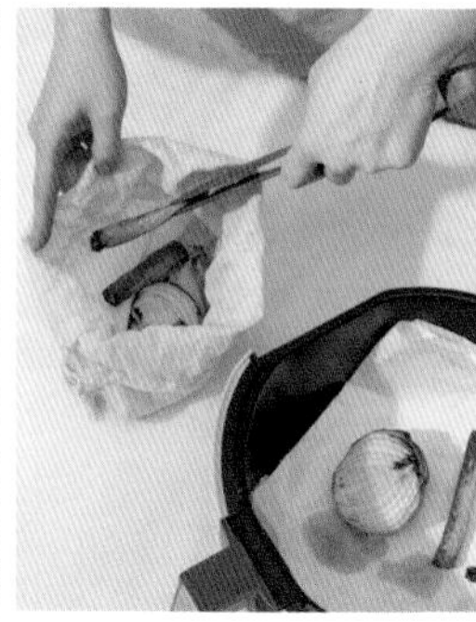

유난히 국물 요리가 많은 한식에서 제일 중요한 건 채소를 우려낸 물, 즉 채수입니다.
제대로 된 채수만 있어도 이미 제로비건 요리의 반은 완성입니다.

INGREDIENT 재료

물	3ℓ
무	500g
양파	600g
대파	150g
건표고버섯	30g
다시마 30x30cm	2~3장
청양고추 (건고추 6개 대체 가능)	4개

보관 기간

냉동 보관 시 최대 6개월

RECIPE

1. 채소는 모두 깨끗이 씻어주세요.
2. 무와 양파, 대파는 큼직하게 썰어주세요.
3. 양파와 대파는 180℃ 오븐 또는 에어프라이어에서 30~40분간 구워주세요.
   : 채소가 익으면서 채소 고유의 단맛과 감칠맛이 극대화됩니다.
4. 물에 큼직하게 썬 무, 구운 양파와 대파, 건표고버섯, 다시마, 청양고추를 넣어주세요.
   : 오븐이나 에어프라이어에 구운 채소는 꼭 망에 넣어줍니다. 구운 채소를 그냥 물에 넣으면 오븐에서 구울 때 발생한 그을림이 채수 위로 둥둥 떠다닐 거예요.
5. 센 불에서 끓이다가 팔팔 끓으면 중약불로 줄여 1시간 30분 동안 끓여주세요.
   : 채수에서 포장마차의 어묵 국물 냄새가 난다면 진한 채수가 완벽하게 만들어진 거예요!

3. 만능 비건 양념장 만들기

: 보관 기간은 최대 냉장 1달

비건 고추장 소스

INGREDIENT 재료

※ 고추장 베이스 요리에 활용할 수 있어요.

진간장 100g, 맛술 100g, 고추장 400g, 고춧가루 200g, 설탕 100g, 올리고당 50g, 다진 마늘 1숟가락, 갈아만든배 50g, 참기름 10g, 후추 50g

비건 간장 소스

INGREDIENT 재료

※ 간장 베이스 요리에 활용할 수 있어요.

몽고간장(혹은 진간장) 200g, 노두유 50g, 참기름 20g, 설탕 60g, 후추 5g

비건 마요네즈 소스

INGREDIENT 재료

※ 모든 재료는 차가운 상태에서 사용하세요.

두유 240㎖, 머스터드 20g, 설탕 30g, 식초 20g, 식물성 기름(카놀라유, 포도씨유, 해바라기씨유) 240㎖, 소금 10g

RECIPE

1. 믹서에 두유, 머스터드, 설탕, 식초를 넣고 빠른 속도로 돌립니다.
2. 재료가 섞이는 동안 식물성 기름을 천천히 일정한 양으로 부어줍니다.
3. 30초 가량 지나면 점점 꾸덕한 마요네즈의 질감이 나타납니다.
4. 믹서를 잠시 끄고 소금을 넣고 10초 정도 더 돌린 후 마무리하면 완성입니다.

4. 비건 제품 구입하기

: 성분 확인하는 습관

- 요즘 나오는 간장, 고추장, 된장에는 해물이나 소고기가 함유된 경우가 많아 구매 전 성분을 확인하는 것이 좋습니다. 특히 간장에 가쓰오부시나 멸치를 넣어 감칠맛을 높이는 제품이 꽤 있습니다. 된장은 조개를 넣은 조개 된장, 소고기를 넣은 약고추장 등이 있으니 성분 목록을 확인해 제품을 선택하세요.
- 백설탕 중에 탄화골분이라는 동물성 성분으로 정제된 제품이 있어요. 브랜드별로 성분을 살펴 구매하거나 황설탕으로 대체할 수 있습니다.

300ml

Part 1.

다양한 국, 찌개

VEGAN

콩물 곰탕
소고기 없는 뭇국
토마토 김치찌개
채수 된장찌개
새송이 미역국
들깨 순두부찌개
진짜 감자탕
파 해장국
순두부찌개
김치 콩비지 찌개
단호박 감자 고추장찌개
김치 콩나물국

Varied

Soya Gomtang

콩물 곰탕

이제는 무거운 사골을 사다 뜨거운 불 앞에서 10시간씩 고아 사골 국물을 만들 필요가 없어요. 동물의 희생 없이 우리의 빈속을 든든히 챙겨주는 콩물 곰탕을 소개합니다. 제로비건만의 특급 레시피예요.

조리 시간 : 20분

보관 방법 : 냉장 3~4일

곁들임 메뉴 : 깍두기(68p)

INGREDIENT 재료

채수	500㎖
콩국수용 콩물	100㎖
식용유	2숟가락
대파	35g
다진 마늘	1숟가락
연두	2숟가락
소금 · 후춧가루	약간씩

RECIPE

1. 대파를 송송 썰어주세요.
2. 깊이가 있는 냄비에 식용유를 두르고 썰어놓은 대파 20g과 다진 마늘을 넣고 볶아 파 · 마늘 기름을 만들어주세요.
3. 콩물과 채수, 연두를 넣고 5~10분 정도 보글보글 끓여주세요.
   : 콩물은 진할수록 좋아요.
   : 콩물이 갑자기 확 끓어오를 수 있으니 불 조절은 필수!
4. 기호에 따라 소금, 후춧가루로 간을 맞춰주세요.
5. 불을 끈 후 남은 대파 15g을 넣으면 사골 곰탕보다 더 맛있는 콩물 곰탕 완성입니다.
   : 설렁탕처럼 소면이나 당면을 넣어 먹어도 좋아요!

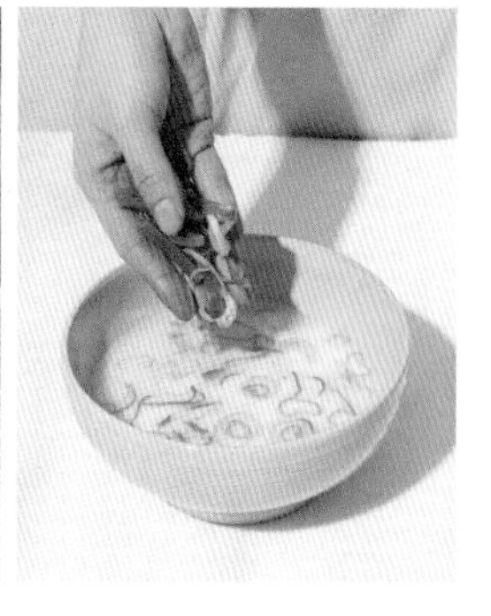

No Beef Radish Guk

소고기 없는 뭇국

소고기가 들어가지 않은 뭇국 상상하기 어려우시죠? 왠지 소고기가 맛의 중심일 것 같지만 소고기를 빼고 국을 끓여도 맛에 크게 차이가 없어 깜짝 놀라실 거예요. 마음이 헛헛할 때, 뭇국으로 집밥 차려 식사할까요!

조리 시간 : 20분

보관 방법 : 냉장 3~4일

곁들임 메뉴 : 배추 겉절이(64p)

INGREDIENT 재료

채수	1ℓ
무	300g
양파	50g
대파	40g
애호박	120g
참기름	2숟가락
다진 마늘	1숟가락
느타리버섯	1주먹
국간장	2숟가락
연두	2숟가락
소금 · 후춧가루	약간씩

RECIPE

1. 무는 0.5cm 두께로 나박나박 썰고 양파는 채 썰어주세요.
2. 대파는 송송 썰고 애호박은 반달 모양으로 썰어주세요.
3. 프라이팬에 참기름을 두르고 손질한 무와 양파, 대파, 애호박, 다진 마늘을 넣어 중불에 달달 볶아주세요.
   : 마늘과 파가 타지 않도록 주의해주세요!
4. 채수를 넣고 센 불에서 5분, 중불로 3분 동안 보글보글 끓여주세요. 무가 투명한 색이 될 때까지 약한 불로 뭉근히 끓일게요.
5. 느타리버섯을 넣고 약한 불로 5분간 더 끓인 후 국간장과 연두, 소금, 후춧가루로 간을 맞추면 완성입니다.

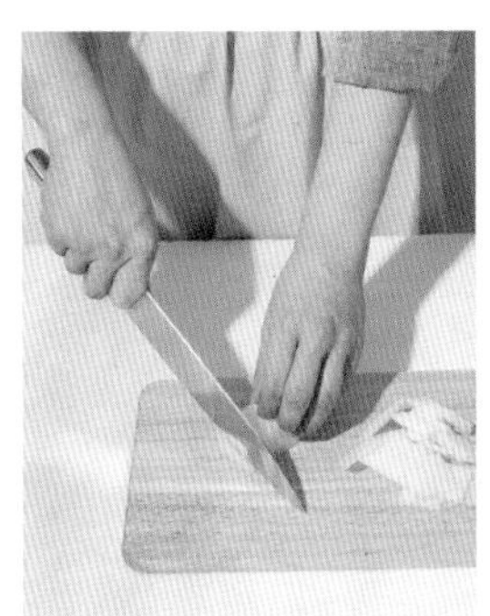

Tomato Kimchi Jjigae

토마토 김치찌개

토마토는 생으로 먹는 것보다 익혀 먹을 때, 우리 몸에 흡수되는 영양분이 많아진다는 사실 알고 계신가요? 한식 레시피와 토마토가 생각보다 꽤 잘 어울리기도 한답니다. 한번 먹고 나면 불현듯 생각나는 토마토 김치찌개, 이거 진짜 비밀 레시피인데 말이죠.

조리 시간 : 20분

보관 방법 : 냉장 3~4일

곁들임 메뉴 : 팽이버섯 튀김(120p)

INGREDIENT 재료

채수	700㎖
비건 김치	300g
※ 배추 겉절이(64p)를 만들어 충분히 익힌 후 사용하세요.	
양파	150g
대파	70g
홀토마토	200g(토마토 캔)
식용유	5숟가락
다진 마늘	1숟가락
고춧가루	3숟가락
국간장	4숟가락
설탕	1숟가락
소금	약간

RECIPE

1. 비건 김치는 먹기 좋은 크기로 썰어주세요.
2. 양파와 대파는 채 썰어주세요.
3. 냄비에 식용유를 두른 후 썰어놓은 대파와 다진 마늘, 고춧가루 2숟가락을 넣고 약한 불로 볶으면서 파 · 마늘 기름을 만들어주세요.
4. 썰어놓은 배추김치와 양파, 국간장 2숟가락, 설탕을 넣고 약한 불로 5분간 볶다 홀토마토를 넣고 으깨면서 볶아주세요.
5. 채수를 넣고 중불에서 약한 불로 조절하며 20분간 뭉근히 끓여줍니다.
6. 고춧가루 1숟가락과 국간장 2숟가락, 소금으로 마무리 간을 하고 중불에서 10분간 더 끓이면 완성입니다.
   : 취향에 따라 토마토 케첩 1숟가락을 넣으면 더 진한 맛을 느낄 수 있어요!

Vegi Doenjang Jjigae

채수 된장찌개

가장 좋아하는 찌개를 물어본다면 단연코 된장찌개라고 말할 수 있어요. 냉장고 속 남은 두부와 채소가 있나요? 채수를 베이스로 한 초간단 된장찌개를 만들어보세요. 된장찌개에 누룽지를 넣고 끓여 먹어도 별미예요.

조리 시간 : 20분

보관 방법 : 냉장 7일

곁들임 메뉴 : 토마토 김치(70p)

INGREDIENT 재료

채수	600㎖
애호박	50g
양파	50g
홍고추(혹은 청고추)	1개
팽이버섯	30g
느타리버섯	50g
두부	100g
된장	2숟가락
쌈장	1숟가락
연두	1숟가락
고춧가루	1숟가락

RECIPE

1. 애호박은 반달 모양, 양파는 깍둑썰기, 홍고추는 어슷썰기로 손질합니다.
2. 팽이버섯과 느타리버섯의 밑동은 칼로 잘라낸 후 먹기 좋은 크기로 찢어주세요. 두부는 한입 크기로 납작하게 썰어줍니다.
   : 버섯은 손으로 자유롭게 찢는 맛!
3. 채수에 된장과 쌈장을 넣어 잘 풀어줍니다.
   : 채수 대신 쌀뜨물도 괜찮아요.
   : 고깃집 된장찌개 비결은 바로 쌈장!
4. 손질해놓은 애호박, 양파, 홍고추, 팽이버섯, 느타리버섯을 냄비에 넣어 중불로 5~10분간 끓여주세요.
5. 채소가 익어갈 때 연두를 넣어주세요.
6. 고춧가루와 손질한 두부를 넣고 센 불에서 1분간 화르르 끓여주면 달콤하고 짭조름한 된장찌개 완성입니다.

Saesongi Mushrooms & Seaweed Guk

새송이 미역국

새송이버섯의 풍미와 미역의 식감이 만나 깔끔하고 담백한 맛이 폭발합니다. 여러분의 생일상에 제로비건표 새송이 미역국이 올라가는 모습을 상상해봅니다. 생일 축하해요!

조리 시간 : 20분

보관 방법 : 냉장 3~4일

곁들임 메뉴 : 배추 겉절이(64p)

INGREDIENT 재료

채수	600mℓ
건미역	50g
새송이버섯	2개
참기름	1숟가락
다진 마늘	1/2숟가락
국간장	1숟가락
소금	1/2숟가락

RECIPE

1. 건미역은 물에 20분 정도 담가 불리고 새송이버섯은 먹기 좋게 찢어주세요.
2. 냄비에 불린 미역과 손질한 새송이버섯, 참기름을 넣고 약한 불에서 1~2분 정도 달달 볶다 다진 마늘을 넣고 1분간 더 볶아주세요.
3. 채수를 넣고 센 불에서 바글바글 끓어오르면 중불로 줄여 10분 정도 뭉근하게 끓여줍니다.
4. 국간장과 소금으로 간을 맞추면 완성이에요.

: 미역국은 오래 푹, 여러 번 끓여야 맛있어요.
: 기호에 맞게 연두와 들깨가루를 추가해도 좋아요!

Perilla Seed & Bean-curd Jjigae

들깨 순두부찌개

몸이 좋지 않아 입맛이 없거나 소화가 안 될 때 들깨 순두부찌개를 추천해요. 들깨는 철분이 풍부해 빈혈을 예방하고 혈액 순환을 돕는 기특한 식재료랍니다. 고소한 들깨의 맛과 향으로 컨디션을 회복해보아요.

조리 시간 : 20분

보관 방법 : 냉장 3~4일

곁들임 메뉴 : 파김치(66p)

INGREDIENT 재료

채수	1ℓ
순두부	1봉지
표고버섯	100g
느타리버섯	50g
대파	70g
양파	150g
들깻가루	5숟가락
찹쌀가루	2숟가락
물	5숟가락
국간장	1숟가락
소금	약간

RECIPE

1. 표고버섯은 물에 충분히 불려 밑동을 제거한 후 채 썰고, 느타리버섯은 밑동을 제거한 후 손으로 먹기 좋게 찢어 준비합니다.
2. 대파는 송송 썰고, 양파는 채 썰어주세요.
3. 들깻가루와 찹쌀가루에 물을 넣어 곱게 풀어주세요.
   : 가루 푼 물은 채수와 처음부터 같이 넣어야 해요. 채수가 끓은 후 넣으면 찹쌀가루가 익어 잘 안 풀립니다!
4. 냄비에 채수를 붓고 손질한 표고버섯과 느타리버섯, 대파, 양파를 넣은 후 **3**을 넣고 뭉치지 않게 잘 저어주세요. 약한 불로 3분간 끓입니다.
5. 순두부를 넣고 중불에서 2~3분 동안 보글보글 끓여주세요.
6. 국간장과 소금으로 간을 맞춰주세요.

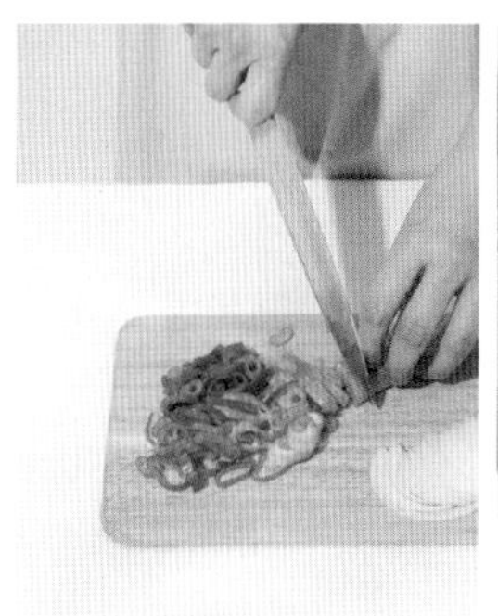

Real Potato Tang

진짜 감자탕

여러분에게 익숙한 감자탕은 돼지 등뼈와 감자 등을 넣어 얼큰하게 끓인 요리일 텐데요. 하지만 제로비건은 진짜 감자, 바로 그 동글동글한 감자만 넣어 요리할 거예요. 깜짝 놀랄 준비하세요. 맛이 너무 똑같으니까요!

조리 시간 : 40분

보관 방법 : 냉장 3~4일

곁들임 메뉴 : 밥 볶아 먹기

INGREDIENT 재료

채수	700㎖
데친 얼갈이배추 (혹은 우거지)	300g
감자	2개
대파	70g
깻잎	6장
느타리버섯	150g
팽이버섯	30g
다진 마늘	1숟가락
고춧가루	2숟가락
식용유	4숟가락
국간장	2숟가락
쌈장	2숟가락
들깻가루	2숟가락

RECIPE

1. 얼갈이배추는 뿌리를 자르고 바글바글 끓는 물에 3분간 데친 후 찬물에 헹궈 물기를 꼭 짜주세요.
2. 감자는 껍질을 벗기고, 대파는 채 썰고, 깻잎은 큼직하게 썰어주세요.
3. 느타리버섯과 팽이버섯은 밑동을 잘라내고 먹기 좋게 찢어주세요.
4. 냄비에 식용유를 두르고 다진 마늘과 썰어놓은 대파, 고춧가루를 넣고 약한 불에 3분간 볶아 파·마늘·고추 기름을 만들어주세요. 이때 국간장을 넣고 볶아주세요.
   : 국간장을 넣으면 감칠맛이 올라가요!
5. 채수를 붓고 감자를 넣어주세요.
   : 감자는 익기까지 생각보다 오래 걸려요!
6. 감자가 어느 정도 익으면 얼갈이배추, 느타리버섯, 팽이버섯, 깻잎, 쌈장, 들깻 가루를 넣고 중불로 10분, 약한 불로 10분간 푹 끓여줍니다.
   : 끓기 직전 깻잎을 넣으면 깻잎 향이 더 진하게 느껴져요!

Spicy Scallion Haejang Guk

파 해장국

술 마신 다음 날 생각나는 얼큰한 해장국. 제가 오랜 해외 생활을 마치고 한국에 돌아왔을 때 가장 먼저 찾은 음식도 해장국인데요. 해장국은 보통 육수에 돼지 뼈나 선지 등을 넣고 끓인 음식이라 비건이라면 식당에서 사 먹는다는 건 불가능한 일! 그래서 제가 채수 해장국집을 열었지요. 속풀이하려고 먹었는데 다시 술을 꺼낼지도 모르니 주의하세요. 하하.

조리 시간 : 40분

보관 방법 : 냉장 3~4일

곁들임 메뉴 : 다시마 볶음(82p)

INGREDIENT 재료

채수	700㎖
고사리	120g
무	300g
대파	200g
느타리버섯	100g
숙주	300g
식용유	8숟가락
고춧가루	4숟가락
다진 마늘	1숟가락
진간장	3숟가락
연두	2숟가락
국간장	1숟가락
소금 · 후춧가루	약간씩

RECIPE

1. 고사리는 최소 2시간 동안 미지근한 물에 불려 미리 준비해주세요.
2. 무는 0.5cm 두께로 나박나박 썰고, 대파는 5cm 길이로 잘라주세요.
3. 느타리버섯은 밑동을 잘라내고 먹기 좋은 크기로 찢고, 숙주는 깨끗이 씻어주세요.
4. 냄비에 식용유와 고춧가루 2숟가락, 다진 마늘을 넣고 약한 불로 고추 · 마늘 기름을 만든 후 진간장 1숟가락을 넣어요.
   : 진간장을 넣으면 감칠맛이 올라가요!
5. 고사리와 무, 대파, 느타리버섯, 숙주를 넣고 고춧가루와 진간장을 2숟가락씩 넣어 버무린 후 30분 동안 재워둡니다.
6. 채수를 부어 중불에 15분 이상 바글바글 끓여주세요.
7. 연두와 국간장, 소금, 후춧가루로 간을 맞추면 완성입니다.

Spicy Bean-curd Jjigae

순두부찌개

집밥에서 빠질 수 없는 찌개. 된장찌개, 김치찌개와 인기를 앞다투는 순두부찌개를 소개합니다. 보들보들한 순두부의 식감이 확 떠오르는 분, 오늘 집밥 메뉴는 이걸로 하시죠. 돼지고기나 해산물 없이 칼로리는 낮고 담백한 맛을 내는 제로비건표 순두부찌개입니다.

조리 시간 : 20분

보관 방법 : 냉장 7일

곁들임 메뉴 : 새송이 장조림(114p)

INGREDIENT 재료

채수	600㎖
순두부	1팩
양파	80g
대파	50g
청양고추	1개
애호박	40g
팽이버섯	20g
식용유	3숟가락
고춧가루	3숟가락
다진 마늘	1숟가락
국간장	3숟가락
소금 · 후춧가루	약간씩

RECIPE

1. 양파와 대파, 청양고추는 채 썰어주세요.
2. 애호박은 반달 모양으로 썰고, 팽이버섯은 밑동을 잘라주세요.
3. 냄비에 식용유와 고춧가루, 다진 마늘, 대파를 넣고 기름을 만든 후 국간장 1숟가락을 넣어 약한 불에서 2분간 볶아주세요.
   : 국간장을 넣으면 감칠맛이 좋아져요!
4. 냄비에 채수를 붓고 청양고추를 제외한 채소를 넣어 센 불에 10분간 바글바글 끓여주세요.
5. 순두부와 청양고추, 국간장 2숟가락을 넣고 소금과 후춧가루로 간을 맞춘 후 중불에 5분간 보글보글 끓여주면 완성입니다.
   : 순두부는 통으로 넣고 숟가락으로 분할해주세요.
   : 후춧가루를 많이 넣거나 연두를 넣으면 식당에서 먹는 맛!

Pureed Soybean & Kimchi Jjigae

김치 콩비지 찌개

입안이 까칠해서 뭐든 잘 넘어가지 않을 때 전 콩비지찌개를 끓여 먹곤 해요. 특히 콩은 100g당 30~40g 정도의 단백질을 함유하고 있는 진정 단백질 부자. 콩국숫집에서 간혹 비지를 비닐봉지에 담아 한쪽에 쌓아두고 그냥 가져가라고 하는데, 제로비건 레시피 믿고 꼭 챙겨 오세요!

조리 시간 : 20분

보관 방법 : 냉장 3~4일

곁들임 메뉴 : 젓갈 없는 깻잎찜(88p)

INGREDIENT 재료

채수	600㎖
콩비지	400g
비건 김치	200g
※ 배추 겉절이(64p)를 만들어 충분히 익힌 후 사용하세요.	
청양고추	1개
김치 국물	50g
식용유	3숟가락
설탕	1숟가락
국간장	3숟가락
고춧가루	1숟가락
소금 · 후춧가루	약간씩

RECIPE

1. 비건 김치는 잘게 썰어주세요.
2. 청양고추는 채 썰어주세요.
3. 냄비에 식용유를 두르고 썰어놓은 김치와 설탕, 국간장을 넣어 약한 불에 5분간 볶아주세요.
4. 채수를 넣고 중불에 3분간 끓여줍니다.
5. 콩비지와 김치 국물, 고춧가루, 썰어놓은 청양고추를 넣고 센 불에 2분간 더 끓여주세요.
6. 소금과 후춧가루로 간을 하고 중불에 3분간 호로록 끓이면 완성입니다.

Sweet Pumpkin & Potato Gochujang Jjigae

단호박 감자 고추장찌개

단호박은 쪄서 그냥 먹어도 맛있지만 퍽퍽할 때 있잖아요. 고추장찌개에 단호박을 넣으면 단짠단짠 계속 손이 간답니다. 얼큰한 국물과 단호박이 은근히 잘 어울린다는 사실!

조리 시간 : 30분

보관 방법 : 냉장 7일

곁들임 메뉴 : 봄동 샐러드 김치(72p)

INGREDIENT 재료

채수	600㎖
단호박	250g
감자	150g
양파	120g
대파	100g
느타리버섯	60g
식용유	2숟가락
고춧가루	1숟가락
국간장	3숟가락
다진 마늘	1숟가락
고추장	1숟가락
설탕	1숟가락
연두	2숟가락
소금 · 후춧가루	약간씩

RECIPE

1. 단호박은 식초물에 담그거나 베이킹소다, 소금으로 문질러 껍질을 깨끗이 씻고, 감자는 껍질을 벗겨 깍둑썰기한 후 물에 담가 전분기를 빼주세요.
2. 단호박과 양파, 대파는 먹기 좋은 크기로 잘라주세요.
   : 단호박 껍질이 꽤 딱딱합니다. 반으로 잘라 씨를 제거하고 살짝 삶거나 전자레인지에 5~10분간 데운 후 손질하면 더 수월해요!
3. 느타리버섯은 밑동을 제거한 후 손으로 찢어주세요.
4. 냄비에 식용유를 두르고 고춧가루와 국간장, 다진 마늘을 넣어 마늘 기름을 만들어주세요.
5. 채수에 고추장과 설탕, 연두 1숟가락을 풀어 4에 넣고 감자, 단호박을 넣은 후 센 불에 15분간 보글보글 끓여줍니다.
6. 감자를 젓가락으로 찔러보고 어느 정도 익었으면 손질한 양파와 대파, 느타리버섯을 넣고 중불에 5분간 끓입니다. 연두 1숟가락과 소금과 후춧가루로 간을 하면 완성입니다.

Refreshing Kimchi & Bean Sprouts Guk

김치 콩나물국

멸치 육수 없이 채수로 김치 콩나물 해장국을 끓이면 맛이 괜찮을까요? 사실 의심했던 사람은 바로 저예요. 하지만 국물 한입 먹는 순간, 모든 국밥집에 채수 콩나물 국밥 메뉴가 꼭 있어야 한다고 생각했네요.

조리 시간 : 20분

보관 방법 : 냉장 7일

곁들임 메뉴 : 무나물 무침(90p)

INGREDIENT 재료

채수	600㎖
비건 김치	200g
※ 배추 겉절이(64p)를 만들어 충분히 익힌 후 사용하세요.	
김치 국물	50g
콩나물	200g
두부	100g
대파	70g
청양고추	1개
다진 마늘	1숟가락
연두	1숟가락
국간장	1숟가락
소금 · 후춧가루	약간씩

RECIPE

1. 두부는 납작하게 썰고, 대파는 송송 썰고, 청양고추는 어슷하게 썰어주세요.
2. 비건 김치는 먹기 좋은 크기로 썰어주세요.
3. 냄비에 썰어둔 김치와 김치 국물, 채수를 넣고 10분간 끓여주세요.
4. 깨끗이 씻은 콩나물을 넣고 다진 마늘, 대파, 청양고추, 연두를 넣고 5분간 더 끓여주세요.
5. 썰어놓은 두부를 넣고 국간장과 소금, 후춧가루로 간을 하면 완성입니다.

Part 2.

김치에 관한 새로운 경험

VEGAN

젓갈 없는 비건 김치 양념
배추 겉절이
파김치
깍두기
토마토 김치
봄동 샐러드 김치

Experience

Vegan Kimchi Seasoning

젓갈 없는 비건 김치 양념

어쩌면 음식점에서 비건식으로 제일 먹기 어려운 음식 중 하나가 김치일 수도 있어요. 젓갈이나 젓갈 국물 혹은 액젓 없이도 비건 김치 양념만 만들어두면 겉절이부터 깍두기까지 간편하게 비건 김치를 만들 수 있답니다.

조리 시간 : 20분 | **보관 방법** : 바로 활용하세요 | **곁들임 메뉴** : 각종 비건 김치

비건 김치 양념 2100g 기준

INGREDIENT 재료

사과	500g
양파	500g
다진 마늘	500g
갈아만든배	300㎖
찹쌀풀	**500㎖**
채수	500㎖
찹쌀가루	3숟가락

RECIPE

1. 사과를 깨끗이 씻어 씨를 제거하고 깍둑썰기를 합니다.
2. 양파도 깍둑썰기를 해주세요.
3. 냄비에 찹쌀풀 재료를 넣고 약한 불에서 휘퍼로 열심히 저어주세요. 뭉근하게 끓을 동안 잘 저어주고 찹쌀풀이 걸쭉해지면 불을 끄고 식혀줍니다.
   : 휘퍼로 잘 풀어주어야 찹쌀풀에 덩어리가 생기지 않아요!
4. 믹서에 사과와 양파, 다진 마늘, 갈아만든배를 넣고 곱게 갈아주세요.
5. 식힌 찹쌀풀에 믹서에 갈아둔 4를 넣고 함께 섞어주면 완성입니다.

Napa Cabbage Geotjeori

배추 겉절이

칼국숫집에서 먹어본 배추 겉절이가 그립다면 채식으로 직접 만들어볼까요. 칼국숫집 겉절이의 비밀은 다진 마늘을 많이 넣는 거예요. 만들어 놓은 배추 겉절이는 바로 먹어도 좋고 익혀서 국물 요리에 사용해보세요.

조리 시간 : 20분

보관 방법 : 오래 두면 익어요

곁들임 메뉴 : 버섯 사부사부 칼국수(124p)

INGREDIENT 재료

비건 김치 양념(62p)	300g
배추	700g
굵은소금	4숟가락
고춧가루	5숟가락
다진 마늘	1숟가락
설탕	3숟가락
진간장	5숟가락
연두	1숟가락

RECIPE

1. 배추는 반으로 가른 후 4등분합니다.
2. 굵은소금을 넣어 배추가 살짝 숨이 죽을 정도로 1시간 동안 절여주세요.
   : 물 100ml를 넣으면 절이는 시간을 단축할 수 있어요!
3. 절인 배추는 여러 번 헹궈 소금기와 물기를 최대한 빼주세요.
4. 커다란 스테인리스 볼에 물기를 뺀 배추와 고춧가루를 넣고 살살 섞어 빨갛게 물들여주세요.
5. 비건 김치 양념과 다진 마늘, 설탕, 진간장, 연두를 넣고 쓱쓱 버무립니다.
6. 입맛에 따라 진간장과 설탕을 더 넣어 간을 조절하면 완성입니다.

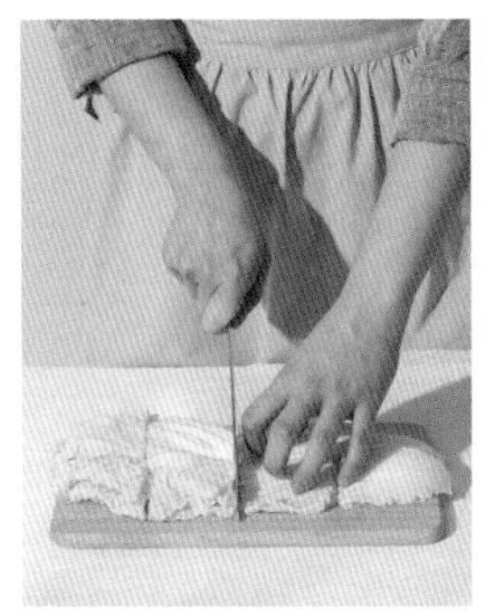

Scallion Kimchi

파김치

비건 배추김치도 먹기 힘든데 비건 파김치라니 외식할 때는 상상도 못할 메뉴이지요. 미리 만들어 놓은 비건 김치 양념만 있으면 20분 컷입니다.

조리 시간 : 20분

보관 방법 : 오래 두면 익어요

곁들임 메뉴 : 비건 짜파구리(146p)

INGREDIENT 재료

비건 김치 양념(62p)	300g
쪽파	1kg
진간장	5숟가락
설탕	2숟가락
고춧가루	4숟가락

RECIPE

1. 쪽파의 하얀 부분을 진간장에 30분간 절여줍니다.
2. 중간중간 쪽파를 휘휘 잘 뒤적여야 골고루 절일 수 있어요.
3. 쪽파가 두껍고 뻣뻣하다면 30분 이상 절여주어도 좋아요.
   : 쪽파가 흐물흐물할 때까지 절이는 것이 포인트!
4. 비건 김치 양념에 설탕과 고춧가루를 넣고 섞은 후 쪽파와 고루 버무려주세요.
5. 실온에서 하루 동안 익힌 후 냉장고에 보관하면 완성입니다.

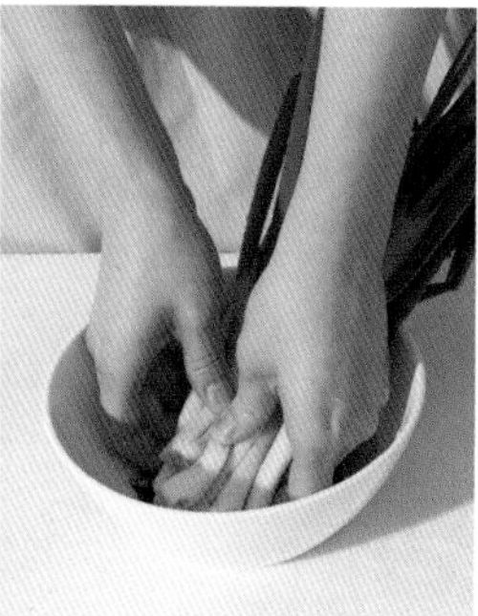

Radish Kimchi

깍두기

보배 톡!

가격도 저렴하고 구하기도 쉬운 무로 비건 깍두기 담가볼까요? 무는 계절에 따라 맛이 달라요. 여름 무보다 겨울 무로 깍두기를 만들면 더 맛있다는 점 참고하세요!

조리 시간 : 20분

보관 방법 : 오래 두면 익어요

곁들임 메뉴 : 콩물 곰탕(36p)

INGREDIENT 재료

비건 김치 양념(62p)	300g
무	1kg
굵은소금	1숟가락
고춧가루	6숟가락
진간장	4숟가락
설탕	2숟가락

RECIPE

1. 무는 필러로 껍질을 벗기고 먹기 좋은 크기로 깍둑썰기를 해주세요.
2. 굵은소금을 넣고 고루 섞어 최소 2시간 동안 절여주세요.
3. 흐르는 물에 헹군 후 체에 건져 물기를 빼줍니다.
4. 비건 김치 양념과 고춧가루, 진간장, 설탕을 넣고 버무리면 완성입니다.
   : 매콤하게 먹고 싶다면 고춧가루를 더 넣어주세요!

Tomato Kimchi

토마토 김치

토마토로 김치를 만들어 먹는 순간, 토마토는 원래 한식 재료인가라는 생각이 들었어요. 비건 한식 상차림에 토마토 김치를 올리면, 괜스레 신선해 보이는 느낌은 저만 그런가요?

조리 시간 : 20분

보관 방법 : 냉장 3~4일

곁들임 메뉴 : 팽이버섯 조림(118p)

INGREDIENT 재료

비건 김치 양념(62p)	100g
토마토	2개
굵은소금	1숟가락
양파	80g
부추	40g
고춧가루	1숟가락
진간장	2숟가락
설탕	1숟가락

RECIPE

1. 토마토는 꼭지를 제거한 후 먹기 좋은 크기로 잘라주세요.
2. 굵은소금을 뿌려 5~10분 정도 절여주세요.
3. 양파는 채 썰고 부추는 4cm 길이로 썰어주세요.
4. 절인 토마토는 흐르는 물에 10초만 살짝 헹궈 물기를 빼주세요.
5. 비건 김치 양념에 고춧가루와 진간장, 설탕, 부추, 양파를 넣고 섞어 양념을 준비해주세요.
6. 토마토가 으스러지지 않게 살살 버무려주면 완성입니다.

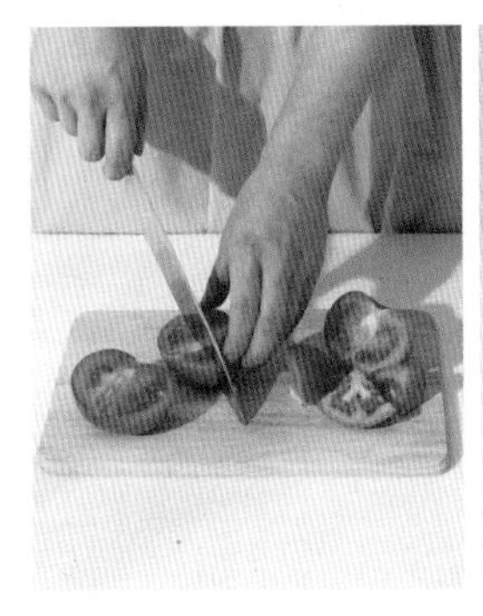

Seasoned Cabbage Salad Kimchi

봄동 샐러드 김치

제철 재료인 봄동이지만 건강하고 영양가 풍부한 샐러드 김치를 만들 수 있어요. 현미밥에 샐러드 김치만 있어도 영양 만점 비건 한식 완성!

조리 시간 : 10분

보관 방법 : 냉장 3~4일

곁들임 메뉴 : 느타리 뚝불(112p)

INGREDIENT 재료

비건 김치 양념(62p)	200g
봄동	1포기
양파	50g
부추	40g
고춧가루	1숟가락
진간장	1숟가락
매실청	1숟가락
참기름	1숟가락
통깨	약간

RECIPE

1. 봄동은 흐르는 물에 씻어 먹기 좋은 크기로 썰어주세요.
2. 양파는 채 썰고, 부추는 4cm 길이로 썰어주세요.
3. 봄동과 양파, 부추에 비건 김치 양념과 고춧가루, 진간장, 매실청을 넣고 버무려주세요.
4. 참기름과 통깨를 넣고 고루 버무리면 완성입니다.

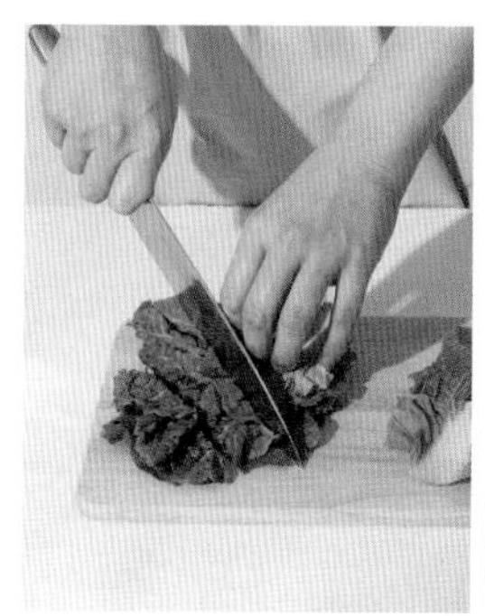

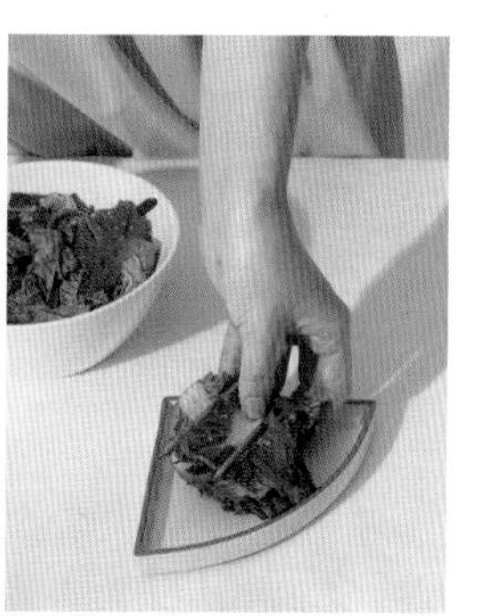

Part 3.

위대한 반전, 반찬

VEGAN

순대 없는 순대 볶음
닭 없는 콜라 찜닭
생선 없는 무조림
다시마 볶음
두부 쌈장
포두부 진미채
젓갈 없는 깻잎찜
무나물 무침
마약 두부장
천사장
두부 숙주 볶음
달걀물 필요 없는 애호박전
양파 장아찌
쪽파 김무침

Great

Sundae-free Bokkeum

순대 없는 순대 볶음

돼지 내장으로 만드는 순대는 정말 비건들이 죽을 때까지 먹지 못하는 음식 중 하나인데요. 순대 없이도 순대볶음 맛이 나는 요리를 만들 수 있어 꼭 소개하고 싶어요. 맛있는데 간단하기까지 한 완전 추천하는 레시피입니다. 자! 소주 꺼낼 준비!

조리 시간 : 20분

보관 방법 : 냉장 2일

곁들임 메뉴 : 소고기 없는 뭇국(38p)

INGREDIENT 재료

채수	100㎖
당면	160g
당근	15g
양배추	150g
양파	70g
대파	15g
깻잎	1장
들깻가루	3숟가락
들기름	약간

SEASONING 양념장

고추장	1숟가락
고춧가루	1숟가락
설탕(혹은 물엿)	1숟가락
다진 마늘	1숟가락
진간장	1숟가락
미림	1숟가락
연두	1숟가락

RECIPE

1. 당면은 찬물에 1시간 이상 불려주세요. 시간이 없다면 뜨거운 물에 불리거나 호로록 삶아주세요.
   : 너무 오래 삶으면 면이 불어요. 삶는 시간은 30초!
2. 양념장은 미리 섞어두세요.
   : 단맛을 좋아하면 설탕 또는 물엿을 더 넣어도 좋아요!
3. 채소는 모두 먹기 좋은 크기로 썰어주세요.
4. 프라이팬에 당근과 양배추, 양파, 대파를 넣고 가장 센 불에서 30초간 볶아주세요.
   : 약한 불에서 오래 익히면 채소에서 물이 나오고 식감이 사라집니다. 채소의 아삭한 식감을 위해 센 불에서 휘리릭!
5. 당면과 채수, 양념장을 넣고 국물이 졸아들 때까지 볶아주세요.
6. 불을 끄고 깻잎과 들깻가루, 들기름을 넣고 고루 섞으면 완성입니다.

Chicken-free Jjim

닭 없는 콜라 찜닭

제가 논비건일 때 찜닭 양념에 밥을 야무지게 비벼 먹던 기억이 종종 생각나 입맛을 다시는 날이 있는데요. 동물성 재료 없이 식물성 재료만 사용해 찜닭 양념처럼 맛 내기 위해 연구한 레시피를 공개합니다.

조리 시간 : 40분

보관 방법 : 냉장 3~4일

곁들임 메뉴 : 봄동 샐러드 김치(72p)

INGREDIENT 재료

채수	600㎖
콜라	500㎖
떡볶이용 떡	10개
넓적 당면	200g
고구마	300g
감자	150g
양파	250g
대파	150g
건고추	3개
다진 마늘	2숟가락
식용유	3숟가락
진간장	1숟가락
설탕	2숟가락
올리고당(혹은 물엿)	2숟가락
연두	1숟가락
소금 · 후춧가루	약간씩

RECIPE

1. 고구마와 감자는 껍질을 벗겨 2~3cm 두께로 깍둑썰기를 해주세요.
   : 너무 크게 썰면 잘 익지 않아요!
2. 양파는 2cm 두께로 썰고, 대파는 채 썰어주세요.
3. 떡과 당면은 미지근한 물에 15분간 불려주세요.
4. 궁중 팬이나 냄비에 식용유를 두른 후 대파, 양파, 다진 마늘, 건고추, 진간장을 넣고 센 불에서 3분간 볶아주세요.
   : 진간장을 넣으면 감칠맛이 올라갑니다!
5. 채수와 콜라를 넣고 준비한 고구마와 감자를 넣어 중불에 15분간 끓여주세요.
   : 고구마와 감자는 익는 데 꽤 시간이 걸리므로 먼저 넣어주세요!
6. 재료가 끓으면 설탕과 올리고당을 넣어주세요.
7. 불려놓은 떡과 당면을 넣고 중불에서 약한 불로 조절해가며 간이 잘 배어들고 국물이 걸쭉해질 때까지 끓입니다.
8. 불을 끄고 연두와 소금, 후춧가루로 간을 하면 완성입니다.

No Fish Radish Jorim

생선 없는 무조림

집에서 채수 우리기가 번거로운 이유 중 하나는 채수 우려내고 난 재료가 음식물 쓰레기로 전락한다는 거예요. 저도 성수동에서 처음 팝업 식당을 운영할 당시, 채수 만들고 나온 무가 너무 많은 거예요. 그 무를 활용해 손님들에게 서비스 반찬으로 무조림을 드렸는데 반응이 폭발적이었어요. 생선 없이도 충분한 무조림 레시피입니다.

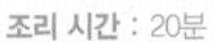
조리 시간 : 20분

보관 방법 : 냉장 7일

곁들임 메뉴 : 맹물 버섯 전골(126p)

INGREDIENT 재료

채수	500㎖
채수 우릴 때 사용한 무	500g
대파	20g
양파	150g

SEASONING 양념장

고춧가루	3숟가락
진간장	2숟가락
설탕	1숟가락
다진 마늘	1숟가락
국간장	2숟가락
고추장	1숟가락
연두	1숟가락
참기름	1/2숟가락

RECIPE

1. 대파는 어슷썰기하고, 양파는 채 썰어주세요.
2. 양념장은 참기름만 빼고 모두 섞어주세요. 참기름은 마지막에 둘러줄 거예요.
3. 냄비에 무와 채수를 넣고 준비한 양념장을 부어 센 불에 끓여줍니다.
4. 바글바글 끓기 시작하면 불을 중불로 줄인 다음 국물이 2/3 정도 졸아들 때까지 끓여주세요.
5. 손질해둔 대파와 양파를 넣어주세요.
   : 대파와 양파를 미리 넣으면 너무 푹 익어 채소가 스르륵 사라져요!
6. 국물이 자작하고 무에 양념이 충분히 배어들면 불을 끄고 참기름을 살짝 둘러주세요.
   : 국물이 조금 있어야 밥 비벼 먹기 좋아요!

Kelp Bokkeum

다시마 볶음

멸치 볶음처럼 감칠맛 나는 짭조름한 볶음 반찬이 그리울 때 있지 않나요. 그때 다시마 반찬이 멸치 볶음을 충분히 대체해준답니다. 다시마는 식이섬유가 엄청난 재료로 변비 예방에도, 피부 미용에도 좋은 것 아시죠?

조리 시간 : 20분

보관 방법 : 냉장 7일

곁들임 메뉴 : 진짜 감자탕(48p)

INGREDIENT 재료

채수 우릴 때 사용한 다시마 30cm x 30cm	2~3장
맛술	3숟가락
식용유	3숟가락
국간장	4숟가락
설탕	2숟가락
소금	2꼬집
깨소금	20g

RECIPE

1. 다시마는 먹기 좋은 크기로 자르세요.
   : 다시마는 펼친 상태에서 칼질하면 너무 미끄러워 잘 썰리지 않아요. 다시마를 돌돌 말아 썰면 칼국수 면처럼 길게 썰 수 있어요!
2. 프라이팬에 다시마와 맛술을 넣고 센 불에서 1분 동안 볶아주세요.
   : 맛술은 다시마의 비린 맛을 날려주는 역할!
3. 식용유를 넣고 국간장 2숟가락, 설탕 1숟가락, 소금 1꼬집을 넣어 센 불에서 3분 동안 볶아주세요.
   : 센 불에서 다시마와 기름, 간장, 설탕이 만나 감칠맛이 폭발합니다!
4. 중불로 줄인 후 국간장 2숟가락, 설탕 1숟가락, 소금 1꼬집을 넣고 간을 맞추면서 기호에 맞게 양념을 추가합니다.
5. 불을 끈 후 깨소금을 넣고 고루 섞어 잔열로 한 번 더 볶으면 완성입니다.

Bean-curd Ssamjang

두부 쌈장

최근 한 환경단체에서 숲세권 말고 '채세권'이라는 슬로건을 언급했어요. 채식 한 끼로 기후 위기를 막는 우리의 식탁이 채세권이 될 수 있다는 의미라고 해요. 작명 센스! 1만 명의 사람이 하루 고기를 먹지 않는다면 한 사람이 93년 쓰기에 충분한 물을 절약하는 효과가 있다는 사실은 정말 놀라웠어요. 오늘 점심, 제로비건표 두부 쌈장과 데친 양배추로 채식 도시락 싸 가는 것 어떠신가요?

조리 시간 : 20분

보관 방법 : 냉장 3~4일

곁들임 메뉴 : 포두부 진미채(86p)

INGREDIENT 재료

재료	분량
채수	300㎖
두부	150g
애호박	60g
양파	60g
들기름(혹은 참기름)	2숟가락
다진 마늘	1/2숟가락
다진 대파	1/2숟가락
된장	2숟가락
고추장	1숟가락
설탕	1/2숟가락
청양 고춧가루	1숟가락

RECIPE

1. 두부는 숟가락이나 칼을 이용해 짓누른 후 다져주세요.
2. 애호박과 양파는 작은 큐브 모양으로 썰어주세요.
3. 프라이팬에 들기름 1숟가락을 두르고 큐브 모양으로 썬 애호박과 양파를 약한 불에서 1분간 달달 볶아주세요.
4. 으깬 두부와 다진 마늘, 다진 대파, 된장, 고추장, 설탕, 채수를 넣고 약한 불에서 볶아주세요.
   : 바닥에 눌어붙지 않도록 나무 주걱이나 실리콘 주걱으로 계속 저으면서 볶아주세요!
5. 농도가 꾸덕꾸덕해지면 청양 고춧가루를 넣어주세요.
6. 불을 끈 후 들기름 1숟가락을 크게 한번 둘러주면 완성입니다.

Dried Bean-curd Bokkeum

포두부 진미채

한번 만들어두면 도시락 반찬으로도 좋고 밑반찬으로도 손색없는 진미채 다들 아시죠. 오징어 대신 식감이 가장 비슷한 식물성 재료를 찾아보았어요. 포두부로 진미채의 그리움 충분히 달랠 수 있습니다. 기존 진미채보다 더 담백하고 고소하다는 사실!

조리 시간 : 20분

보관 방법 : 냉장 7일

곁들임 메뉴 : 두부 쌈장(84p)

INGREDIENT 재료

포두부	300g
비건 마요네즈(28p)	약간

SEASONING 양념장

고추장	1+1/2숟가락
고춧가루	1숟가락
간장	2숟가락
올리고당	3숟가락
다진 마늘	1숟가락
참기름	1숟가락
깨소금	1꼬집

RECIPE

1. 포두부는 진미채처럼 길게 썰어주세요.
   : 포두부 대신 두부면으로도 가능!
2. 180도 에어프라이어에서 2분간 돌리거나 기름을 두르지 않은 프라이팬에 수분만 날아갈 정도로 호로록 볶아 포두부의 물기를 완전히 제거해주세요.
3. 재료를 모두 섞어 양념장을 만듭니다.
   : 진미채 양념장의 포인트는 참기름!
4. 프라이팬에 양념장을 넣고 약한 불로 보글보글 끓여주세요.
5. 불을 끈 후 수분을 제거한 포두부를 넣고 잔열로 버무리듯 볶아주세요.
6. 비건 마요네즈를 넣고 고루 버무립니다. 비건 마요네즈가 없다면 참기름을 한 바퀴 빙 두른 후 버무려주세요.

Salted Seafood-free Sesame leaf Jjim

젓갈 없는 깻잎찜

보배 톡!

짭조름함과 향긋함, 두 가지 맛 다 잡은 반찬이 바로 여기 있어요. 깻잎찜도 3대 밥도둑 반찬 중 하나 아닌가요. 하지만 기존의 깻잎찜 양념에는 젓갈이 들어간다는 사실. 젓갈 없이도 충분히 맛있는 깻잎찜 만드는 법 알려드릴게요. 여러분은 흰쌀밥 한 그릇만 준비하세요!

조리 시간 : 20분

보관 방법 : 냉장 한 달

곁들임 메뉴 : 두부 숙주 볶음(96p)

INGREDIENT 재료

채수	100mℓ
깻잎	60장(6묶음)

SEASONING 양념장

다진 대파	6~7숟가락
다진 마늘	1숟가락
다진 홍고추	1개
진간장	5숟가락
고춧가루	2숟가락
매실청	1숟가락
맛술	2숟가락
통깨	1숟가락

RECIPE

1. 깻잎은 흐르는 물에 한 장씩 씻어주세요.
   : 한 장씩 떼어 물에 담가두었다 씻으면 더 깨끗해요!
2. 재료를 고루 섞어 양념장을 만들어주세요.
3. 프라이팬에 깻잎 한 장을 올리고 만들어놓은 양념장을 1/2 숟가락 정도 펴 발라주세요.
4. 깻잎에 양념장을 모두 켜켜이 발라주세요.
   : 깻잎 2~3장에 한 번씩 발라도 괜찮아요!
5. 채수를 붓고 프라이팬 뚜껑을 닫아주세요.
6. 가장 약한 불로 10~15분 정도 졸여 깻잎에 양념이 배어 흐물흐물한 상태가 되면 완성입니다.

Radish Namul Muchim

무나물 무침

무는 가격이 저렴하고 사계절 어느 때나 구하기도 쉬워 언제든지 맛있는 무나물을 먹을 수 있어요. 맛이 고급스러워 만들기 어려운 반찬이라 생각하는 분들이 있는데 의외로 방법은 간단하답니다!

조리 시간 : 20분

보관 방법 : 냉장 7일

곁들임 메뉴 : 순대 없는 순대 볶음(76p)

INGREDIENT 재료

채수	150㎖
무	500g
굵은소금	2숟가락
들기름	3숟가락
다진 대파	3숟가락
다진 마늘	1숟가락
국간장	2숟가락
들깻가루	2숟가락
연두	1숟가락

RECIPE

1. 무는 적당한 굵기로 채 썰어주세요.
   : 무를 채 썰 때 너무 두꺼우면 잘 안 익고 너무 얇으면 으스러질 수 있으니 유의하세요!
2. 썰어놓은 무에 굵은소금을 고루 섞어 30분간 절여주세요.
   : 무를 볶을 때 부서지는 걸 막아줍니다!
3. 절인 무는 흐르는 물에 씻어 소금기를 쏙 빼주세요.
4. 프라이팬에 들기름과 다진 대파, 다진 마늘, 손질한 무를 넣고 중불에서 5분간 열심히 볶아주세요.
5. 가장 약한 불로 줄여 국간장과 채수를 넣고 뒤적인 후 프라이팬 뚜껑을 닫고 3분 정도 익혀줍니다.
6. 무에 양념이 촉촉이 배어들면 들깻가루와 연두를 넉넉히 넣고 2분만 더 볶아주면 완성입니다.

Bean-curd Jang

마약 두부장

저는 감히 말합니다. 마약 계란장보다 더 중독성 강한 마약 두부장이 있다고요. 가스불 켤 힘도 없는 날을 대비해 미리 만들어놓으면 퇴근 후 손쉽게 한 끼 해결이 가능. 마약 두부장에 밥 비벼 먹고 침대로 기절합시다. 우리는 늘 잠이 부족하니까요.

조리시간 : 20분
조리 후 숙성 시간 : 하루

보관방법 : 냉장 7일

곁들임 메뉴 : 포두부 진미채(86p)

INGREDIENT 재료

두부	1모
청양고추	2개
홍고추	1개
양파	150g
대파	100g
물	100㎖

SEASONING 양념장

진간장	200㎖
다진 마늘	1숟가락
올리고당	10숟가락
소금 · 후춧가루	약간씩

RECIPE

1. 두부는 끓는 물에 30초간 데친 후 키친타월이나 면포로 물기를 제거한 후 먹기 좋은 크기로 잘라주세요.
   : 너무 얇거나 작게 자르면 두부가 으스러질 수 있어요!
2. 청양고추와 홍고추, 양파, 대파는 모두 잘게 썰어 준비합니다.
   : 채소 크기가 작아야 밥에 비벼 먹기 좋아요!
3. 재료를 섞어 양념장을 만듭니다.
4. 밀폐 용기에 물, 손질한 채소, 양념장을 넣고 잘 섞어주세요.
5. 썰어놓은 두부를 조심히 넣고 하루 정도 냉장고에서 숙성시키면 완성입니다.

Seaweed Noodle Jang

천사장

제로비건을 찾는 손님들 중에 양념 게장이 너무 먹고 싶은데 무엇으로 대체하면 좋을지 묻는 분이 있었어요. 도전 정신 불끈! 양념 게장의 식감과 맛을 따라잡기 위해 식물성 재료를 고민했고 해답은 천사채. 특히 조미 안 된 생김에 흰쌀밥과 천사장을 올려 싸 먹으면 최고예요.

양념장 숙성 시간 : 하루
조리 시간 : 20분

보관 방법 : 냉장 3일

곁들임 메뉴 : 소고기 없는 뭇국(38p)

INGREDIENT 재료

천사채	500g

SEASONING 양념장

고춧가루	190mℓ
진간장	190mℓ
고추장	2숟가락
설탕	7숟가락
물엿	4숟가락
다진 마늘	2숟가락
다진 대파	70g
통깨	조금

RECIPE

1. 양념장 재료를 모두 섞어주세요.
2. 양념장은 하루 동안 냉장고에서 숙성시켜주세요.
3. 천사채는 끓는 물에 30초간 넣어 데친 후 찬물로 헹구어 준비합니다.
4. 숙성된 양념장에 준비된 천사채를 넣고 버무리면 완성입니다.
   : 천사채는 유통 기한이 짧아 곧바로 먹을 만큼만 만드세요!

Mung Bean Sprouts & Bean-curd Bokkeum

두부 숙주 볶음

논비건 시절 차돌박이 숙주볶음을 엄청 좋아했어요. 차돌박이를 두부로 대체해도 충분히 맛있다는 사실, 많이들 경험해보시기를! 자 맥주를 꺼내볼까요?

조리 시간 : 20분

보관 방법 : 냉장 2일

곁들임 메뉴 : 파 해장국(50p)

INGREDIENT 재료

재료	분량
두부	1/2모
숙주	100g
대파	30g
식용유	3숟가락
다진 마늘	1숟가락
다진 대파	2숟가락
진간장	3숟가락
설탕	1숟가락
미림	2숟가락
후춧가루	약간

RECIPE

1. 두부는 물기를 제거해 으깨고, 숙주는 흐르는 물에 씻어주세요. 대파는 송송 썰어 준비합니다.
2. 팬에 식용유를 두르고 다진 마늘과 다진 대파를 넣고 파·마늘 기름을 만들어주세요.
3. 진간장과 설탕, 미림, 후춧가루를 넣고 약한 불로 30초 동안 끓여주세요.
4. 끓인 양념에 으깬 두부와 숙주, 썰어놓은 대파를 넣고 센 불에서 3분 동안 볶아주면 완성입니다.
   : 양념이 골고루 묻을 정도로 휘리릭 볶아주면 됩니다!

Green Pumpkin Jeon

달갈물 필요 없는 애호박전

보배 톡!

기존의 애호박전은 잊으세요. 완전히 새로운 스타일의 애호박전을 소개합니다. 와인 안주로 정말 잘 어울려요. 비건 한식 레시피 책을 집필 중인데, 왜 계속 비건 안주 레시피 책을 쓰는 기분이죠? 하하.

조리 시간 : 20분

보관 방법 : 냉장 3일

곁들임 메뉴 : 토마토 김치찌개(40p)

INGREDIENT 재료

애호박	1개
식용유	5~6숟가락
설탕	2숟가락
진간장	4숟가락

RECIPE

1. 애호박을 0.5cm 두께로 썰어주세요.
2. 프라이팬에 식용유를 넉넉히 두르고 썰어놓은 애호박을 중불로 튀기듯 구워주세요.
3. 애호박에 설탕을 솔솔 뿌리면서 약한 불로 노릇노릇하게 구워주세요.
   : 애호박 아랫면도 캐러멜라이징되도록 뒤집어 구워주세요.
4. 구운 애호박을 접시에 담고 진간장을 애호박에 스며들도록 뿌려주면 완성입니다.

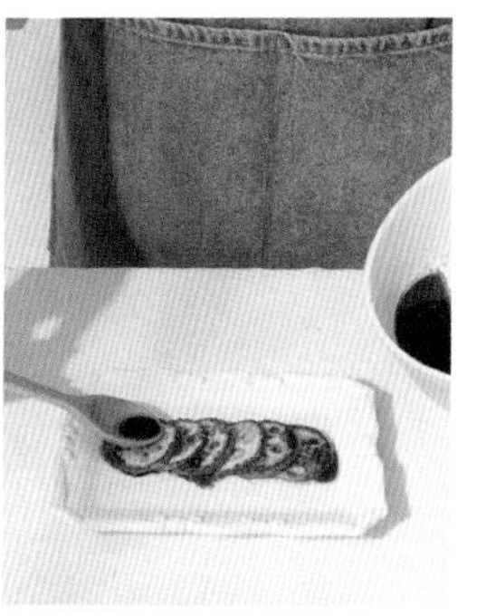

Onion Jangajji

양파 장아찌

양념장 비율만 알면 어떠한 채소로도 만들 수 있는 장아찌에 도전해볼까요? 제로비건을 찾는 손님들이 가장 많이 판매 요청을 한 장아찌 반찬입니다!

조리 시간 : 20분

보관 방법 : 냉장 한 달

곁들임 메뉴 : 팽이버섯 튀김(120p)

INGREDIENT 재료

채수	350mℓ
양파	3~4개

SEASONING 양념장

진간장	250mℓ
설탕	8숟가락
식초	10숟가락

RECIPE

1. 양파는 한입 크기로 썰어주세요.
2. 냄비에 채수를 붓고 양념장 재료를 넣어 중불로 3분간 끓여주세요.
3. 소독한 유리병에 양파를 켜켜이 넣고 끓인 양념장을 부으면 완성입니다.
   : 실온에서 하루 보관하고 냉장고에 넣은 후 이틀 지나 먹으면 맛있어요!

Chive & Dried laver Muchim

쪽파 김무침

집에 눅눅해진 김이 있다면 버리지 말고 김무침을 만들어보세요. 김은 비타민과 철분이 풍부한 재료인데요. 더욱이 만드는 데 10분도 안 걸리는 쉽고 빠른 레시피라는 점. 특히 이건 소주 안주로 제격!

조리 시간 : 5분

보관 방법 : 냉장 7일

곁들임 메뉴 : 두부 쌈장(84p)

INGREDIENT 재료

쪽파	150g
김	4장

SEASONING 양념장

국간장	3숟가락
다진 마늘	1/2숟가락
설탕	1숟가락
참기름	1숟가락
물엿(혹은 올리고당)	1숟가락
참깨	1숟가락

RECIPE

1. 쪽파는 1cm 길이로 썰어주세요.
2. 김은 큼직하게 마구잡이로 찢어주세요.
3. 재료를 모두 섞어 양념장을 만들어주세요.
4. 큰 볼에 쪽파와 김, 양념장을 넣고 손으로 꾹꾹 쥐어가며 잘 버무려주세요.
   : 조물조물 버무리면서 양념장을 조금씩 추가하세요. 한꺼번에 다 넣고 버무리면 양념장이 골고루 섞이지 않아요!

Part 4.

버섯을 대하는 자세

VEGAN

표고버섯 유부 잡채
표고버섯 유부 조림
느타리버섯 두루치기
느타리 뚝불
새송이 장조림
새송이 콩나물찜
팽이버섯 조림
팽이버섯 튀김
노루궁뎅이버섯 강정
버섯 샤부샤부 칼국수
맹물 버섯 전골

Attitude

Pyogo & Fried Bean-curd Japchae

표고버섯 유부 잡채

손이 많이 가는 잡채를 간단하고 빠르게 원팬으로 만들어볼까요? 채수 우릴 때 사용했던 표고버섯을 버리지 말고 사용해도 좋아요.

조리 시간 : 20분

보관 방법 : 냉장 7일

곁들임 메뉴 : 느타리버섯 두루치기(110p)

INGREDIENT 재료

당면(불리기 전)	200g
표고버섯	60g
대파	20g
당근	30g
양파	150g
냉동 유부 슬라이스	40g
식용유·참기름·깨소금	적당량

SEASONING 양념장

진간장	4숟가락
설탕	2숟가락
다진 마늘	2숟가락
참기름	1/2숟가락
후춧가루	약간

RECIPE

1. 당면은 찬물에 최소 1시간 이상 불리고, 표고버섯은 찬물에 30분 이상 불려주세요.
2. 표고버섯은 밑동을 제거해 채 썰고, 대파는 어슷썰기합니다.
3. 당근과 양파는 채 썰어 준비합니다.
4. 재료를 모두 섞어 양념장을 만듭니다.
5. 프라이팬에 식용유를 두르고 손질한 채소와 냉동 유부를 중불에 3분간 볶아주세요.
6. 당근이 투명하게 익으면 불린 당면과 양념장을 넣고 당면이 익을 때까지 약한 불로 볶아주세요.
   : 기호에 맞게 간장, 설탕, 후춧가루로 간을 조절합니다!
7. 불을 끈 후 참기름을 듬뿍 두르고 면을 반지르르 코팅한다는 느낌으로 섞어주세요. 깨소금을 솔솔 뿌리고 마무리합니다.
   : 참기름을 충분히 넣어야 면이 불어나지 않고 들러붙지도 않아요!

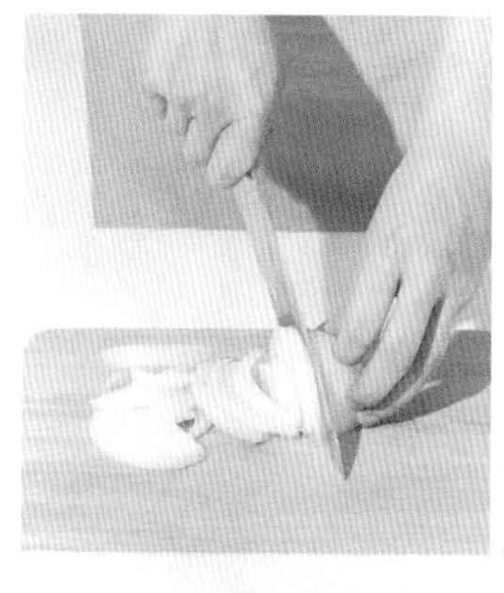

Pyogo & Fried Bean-curd Jorim

표고버섯 유부 조림

보배 톡!

김밥 속 재료로도, 잔치국수 고명으로도 좋은 쓰임새가 톡톡한 반찬이에요. 활용도가 진짜 높아 넉넉히 만들어 냉장고에 쟁여두면 제 속이 다 든든합니다. 만드는 방법도 물론 간단하고요!

조리 시간 : 20분

보관 방법 : 냉장 2주일

곁들임 메뉴 : 비건포차 잔치국수(130p)

INGREDIENT 재료

표고버섯	75g
표고버섯 불린 물	300㎖
냉동 유부 슬라이스	60g

SEASONING 양념장

진간장	4숟가락
미림	2숟가락
설탕	2숟가락
소금	1/2숟가락

RECIPE

1. 표고버섯은 찬물에 1시간 정도 불려 부들부들하게 준비하세요.
2. 표고버섯은 밑동을 제거해 채 썰어주세요.
3. 재료를 모두 섞어 양념장을 만들어주세요.
4. 냄비에 표고버섯 불린 물을 붓고 썰어놓은 표고버섯과 냉동 유부, 양념장을 넣어주세요.
5. 센 불에서 끓여주세요.
6. 바글바글 끓기 시작하면 중불로 줄여 국물이 자작해질 때까지 졸이면 완성입니다.

Neutari Duruchigi

느타리버섯 두루치기

상추쌈으로 먹거나 흰쌀밥에 얹어 덮밥으로 먹어도 좋습니다. 삼겹살 두루치기 하나도 안 부러운 맛, 제가 장담합니다.

조리 시간 : 20분

보관 방법 : 냉장 3일

겉들임 메뉴 : 콩물 곰탕(36p)

INGREDIENT 재료

느타리버섯	400g
당근	30g
대파	20g
양파	150g
애호박	60g
참기름	2숟가락

SEASONING 양념장

고추장	1숟가락
진간장	1숟가락
고춧가루	2숟가락
다진 마늘	2숟가락
설탕	2숟가락
식용유	적당량
깨소금	약간

RECIPE

1. 느타리버섯은 먹기 좋게 찢고, 당근과 대파, 양파, 애호박은 채 썰어주세요.
2. 재료를 모두 섞어 양념장을 만들어주세요.
3. 손질한 버섯과 채소에 양념장을 넣고 주물주물 버무려줍니다.
4. 프라이팬을 달군 후 식용유를 두르고 버무린 버섯과 채소를 볶아주세요.
   : 가장 센 불에서 3~5분간 빠르게 볶습니다. 버섯은 센 불에서 볶아야 물이 나오지 않고 식감이 물러지지 않기 때문!
5. 불을 끈 후 참기름을 두르고 잔열로 한 번 더 볶아주세요.
6. 불맛을 입히고 싶다면 마지막에 토치로 살짝 그을립니다.

Hot Pot Neutari

느타리 뚝불

당면과 떡을 골라 먹는 재미가 쏠쏠한 그 메뉴, 국물 자작한 뚝배기 불고기의 느타리버섯 버전입니다. 요즘 버섯 재배 키트로 집에서 느타리버섯을 키워 먹는 분들도 꽤 있더라고요. 오늘 저녁은 고기에 대한 아쉬움 살짝 접고 느타리 뚝불 어떠신가요?

조리 시간 : 20분

보관 방법 : 냉장 3일

곁들임 메뉴 : 배추 겉절이(64p)

INGREDIENT 재료

채수	700㎖
당면(불리기 전)	150g
떡볶이용 떡	12개
당근	30g
양파	150g
대파	20g
느타리버섯	120g

SEASONING 양념장

다진 마늘	2숟가락
진간장	4숟가락
설탕	2숟가락
미림	2숟가락
참기름	2숟가락
소금	2꼬집
후춧가루	4꼬집

RECIPE

1. 당면은 찬물에 1시간 정도 불리고, 떡은 미지근한 물에 20분 정도 불려주세요.
   : 시간이 없다면 따듯한 물에 불려도 좋아요!
2. 양념장 재료는 고루 섞어두세요.
3. 당근과 양파, 대파는 채 썰고, 느타리버섯은 손으로 뜯어 준비하세요.
4. 뚝배기나 냄비에 채수를 붓고 손질한 채소와 버섯, 양념장, 떡을 넣고 중불에 5분간 끓여주세요.
5. 당면을 넣고 중불에 딱 2분만 더 끓여주세요.
   : 당면은 금세 익으니 미리 넣지 마세요!
6. 기호에 맞게 진간장이나 설탕, 참기름 등을 추가합니다.

Saesongi Jorim

새송이 장조림

새송이버섯은 쫄깃한 식감 덕분에 장조림 만들기에 최적화된 재료예요. 여기에 꽈리고추를 넣으면 더욱 맛있지요. 도시락 반찬으로도 좋고 비건 버터를 추가해 밥에 비벼 먹으면 훌륭한 채식 한 끼가 가능해요.

보관 방법 : 냉장 10일

곁들임 메뉴 : 닭 없는 닭죽(144p)

INGREDIENT 재료

채수	300㎖
새송이버섯	300g
꽈리고추	150g

SEASONING 양념장

진간장	4숟가락
설탕	1숟가락
올리고당	2숟가락
맛술	2숟가락
소금	2꼬집

RECIPE

1. 새송이버섯은 길게 찢어주세요.
   : 총알 새송이버섯으로 해도 좋아요!
2. 꽈리고추는 흐르는 물에 씻고 꼭지를 떼어낸 후 이쑤시개로 구멍을 숭숭 내주세요.
3. 재료를 모두 섞어 양념장을 만들어주세요.
4. 깊이감이 있는 팬에 채수와 손질해둔 새송이버섯, 꽈리고추를 넣어주세요.
5. 양념장을 넣고 센 불에서 팔팔 끓여주세요.
6. 바글바글 끓기 시작하면 중불로 줄여 5분간 더 끓이다 약한 불로 줄여 국물이 졸아들 때까지 끓입니다.

Saesongi & Bean Sprouts Jjim

새송이 콩나물찜

해물찜이 먹고 싶은데 해물 없이 콩나물과 갖은 채소로 만들어도 맛있을까요? 궁금하다면 한번 따라 해보세요. 미나리가 이 레시피의 킥(kick)이니 절대 빠지면 안 돼요!

조리 시간 : 30분

보관 방법 : 냉장 7일

겯들임 메뉴 : 느타리 뚝불(112p)

INGREDIENT 재료

새송이버섯	210g
콩나물	300g
양파	150g
미나리	150g
대파	70g
물	100mℓ

전분물

물	50mℓ
감자 전분 가루	1숟가락

SEASONING 양념장

고춧가루	2숟가락
진간장	2숟가락
국간장	1숟가락
맛술	1숟가락
다진 마늘	1숟가락
다진 파	1숟가락
연두	2숟가락

RECIPE

1. 새송이버섯은 길게 썰어주세요.
2. 콩나물은 흐르는 물에 씻어주세요.
3. 양파와 미나리는 깨끗이 씻은 후 먹기 좋은 크기로 썰고, 대파는 어슷썰기합니다.
4. 재료를 고루 섞어 양념장을 만들어주세요.
5. 궁중 프라이팬에 콩나물과 새송이버섯, 양파, 미나리를 넣고 양념장과 물을 넣어 중불에서 5분간 볶아주세요.
6. 전분물을 넣고 센 불에서 1분 정도 볶아주면 완성입니다.

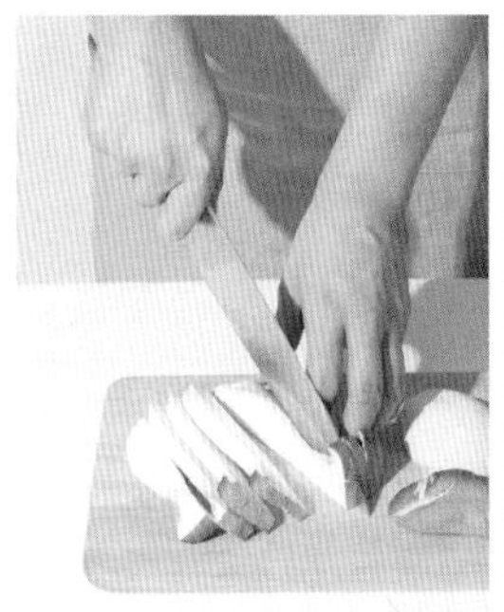

Paengi Jorim

팽이버섯 조림

팽이버섯의 쫄깃한 식감에 매콤한 소스가 더해진 매력적인 반찬이에요. 너무나 간단한 레시피인데 만들어놓으면 그럴듯한 요리 비주얼이 나온답니다. 매콤 팽이버섯 조림 먹으면서 ASMR도 가능!

조리 시간 : 20분

보관 방법 : 냉장 3일

곁들임 메뉴 : 닭 없는 콜라 찜닭(78p)

INGREDIENT 재료

채수	300㎖
팽이버섯	300g
양파	150g
청양고추	1개
홍고추	1개

SEASONING 양념장

다진 마늘	1숟가락
다진 파	1숟가락
고추장	1숟가락
고춧가루	1숟가락
설탕	1숟가락
진간장	2숟가락
연두	1숟가락
참기름	적당량
후춧가루	약간

RECIPE

1. 팽이버섯은 밑동을 잘라주세요.
2. 양파와 청양고추, 홍고추는 채 썰어주세요.
3. 재료를 모두 섞어 양념장을 만들어주세요.
4. 프라이팬에 손질한 팽이버섯과 채수를 넣어주세요.
5. 만들어둔 양념장과 손질한 양파, 청양고추, 홍고추를 넣고 약한 불로 10~15분간 졸여주면 완성입니다.

Paengi Fries

팽이버섯 튀김

팽이버섯을 바싹 튀기면 새우튀김 맛이 나는 건 안 비밀! 새우 알레르기 있는 저희 책 편집자님은 이 레시피를 보고 야호를 외쳤습니다.

조리 시간 : 20분

보관 방법 : 냉장 7일

곁들임 메뉴 : 방과 후 떡볶이(132p)

INGREDIENT 재료

팽이버섯	300g
식용유	500㎖

튀김옷

튀김가루	120g
물	250㎖

RECIPE

1. 튀김가루와 물을 섞어 튀김옷을 만들어주세요.
2. 팽이버섯은 밑동을 자르고 손가락 정도 크기로 뜯어주세요.
3. 프라이팬에 식용유를 넉넉히 부어주세요.
   : 팬 깊이에 따라 튀김이 잠길 정도로 부어주세요!
4. 기름을 뜨겁게 달궈주세요.
   : 반죽을 기름에 떨어뜨려 바로 올라오면 적당한 온도입니다!
5. 팽이버섯을 평평하게 펼쳐 튀김옷을 가볍게 입혀주세요.
   : 튀김옷이 두껍지 않아야 식감이 더 좋아요!
6. 2분간 튀긴 후 건져 5분 정도 식혔다 다시 튀겨주세요. 갈색으로 노릇노릇 튀겨지면 완성입니다.
   : 두 번 튀겨야 바삭하고 맛있어요!

Lion's Mane Mushroom Gangjeong

노루궁뎅이버섯 강정

닭 가슴살 같은 식감에 칼로리는 낮고 건강에는 좋은 노루궁뎅이버섯으로 강정을 만들어볼게요. 한입 베어 무는 순간 닭강정인가 하고 헷갈릴 수 있어요!

조리 시간 : 20분

보관 방법 : 냉장 7일

곁들임 메뉴 : 표고버섯 유부 잡채(106p)

INGREDIENT 재료

노루궁뎅이버섯	330g

튀김옷

튀김가루	250g
감자 전분	2숟가락
물	150mℓ
후춧가루	약간

강정 소스

고추장	3숟가락
고춧가루	1숟가락
케첩	3숟가락
설탕	2숟가락
물엿	3숟가락
다진 마늘	1숟가락
후춧가루	약간

RECIPE

1. 노루궁뎅이버섯은 4등분해 손으로 찢어주세요.
2. 재료를 고루 섞어 튀김옷을 만들어주세요.
3. 냄비에 튀김이 잠길 정도로 식용유를 붓고 뜨겁게 달궈주세요.
   : 튀김옷을 식용유에 떨어뜨렸을 때 바로 올라오면 온도가 적당한 거예요!
4. 노루궁뎅이버섯에 튀김옷을 입혀 2분간 튀긴 후 식혔다 1분 정도 더 튀겨주세요.
   : 충분히 식힌 후 한 번 더 튀겨야 바삭합니다!
5. 재료를 고루 섞어 강정 소스를 만들어주세요.
6. 프라이팬에 소스를 30초 정도 호로록 끓여주세요.
7. 불을 끄고 미리 튀겨놓은 노루궁뎅이버섯을 소스에 버무리면 완성입니다.

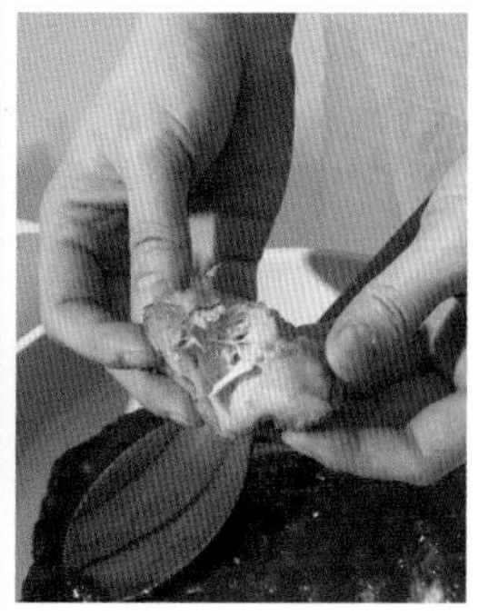

Mushroom Kalguksu

버섯 샤부샤부 칼국수

얼큰하고 칼칼한 버섯 샤부샤부 칼국수 정말 좋아하는데 비건식으로도 간단히 만들 수 있어요. 기존에 사용하던 육수만 제로비건표 채수로 바꿔주세요.

조리 시간 : 20분

보관 방법 : 바로 먹어요

곁들임 메뉴 : 배추 겉절이(64p)

INGREDIENT 재료

채수	600㎖
미나리	100g
알배춧잎	3장
느타리버섯	100g
표고버섯의 갓	2개
칼국수면	250g

SEASONING 양념장

고추장	1숟가락
고춧가루	2숟가락
국간장	2숟가락
다진 마늘	1숟가락
연두	2숟가락
소금 · 후춧가루	약간씩

RECIPE

1. 미나리와 알배춧잎은 먹기 좋은 크기로 썰어 준비해주세요.
2. 느타리버섯은 밑동을 자른 후 결대로 쭉쭉 찢어주고, 표고버섯은 갓 부분에 칼집을 내서 준비해주세요.
3. 재료를 모두 섞어 양념장을 만들어주세요.
4. 채수에 양념장을 넣고 바글바글 끓여주세요.
5. 준비한 채소와 칼국수면을 넣고 중불에 3분 동안 끓이면 완성입니다.

: 칼국수면은 다른 냄비에 따로 3분 정도 끓여 넣어주면 국물이 걸쭉해지지 않아요!

Meat broth-free Mushroom Jeongol

맹물 버섯 전골

끓여놓은 채수가 다 떨어졌나요? 채수 끓일 재료도 없나요? 갑자기 쌀쌀해진 날씨로 뜨끈한 전골이 먹고 싶을 때 간장과 미림, 설탕 이 세 가지만 있으면 채수를 만들 수 있어요. 걱정 말고 따라 해보세요!

조리 시간 : 20분

보관 방법 : 냉장 3일

곁들임 메뉴 : 노루궁뎅이버섯 강정(122p)

INGREDIENT 재료

물	700mℓ
새송이버섯	140g
느타리버섯	50g
팽이버섯	100g
청경채	90g
대파	150g
양파	150g
알배춧잎	4~5장

SEASONING 양념장

다진 마늘	1숟가락
미림	2숟가락
진간장	2숟가락
국간장	1숟가락
설탕	1숟가락

RECIPE

1. 버섯과 채소는 먹기 좋은 크기로 손질해주세요.
   : 원하는 채소가 있으면 더 넣어도 좋아요!
2. 물에 양념장 재료를 넣고 휘저으면 초스피드 전골 국물이 완성됩니다.
3. 전골 국물에 버섯과 채소를 모두 넣고 끓여주세요.
   : 만두나 떡을 넣어 먹어도 좋고 채소를 다 건져 먹은 후 칼국수면을 넣어 끓여 먹어도 맛있어요.
   : 끓일수록 버섯과 채소에서 더 깊은 맛이 우러나온다는 점!

Part 5.

한 그릇부터 시작하는 비건 집밥

VEGAN

비건포차 잔치국수
방과 후 떡볶이
콩물 떡국

망고 쫄면
간장 비빔국수
가지볶음 덮밥

가지구이
닭 없는 닭죽
비건 짜파구리

Now, begin

Party Guksu

비건포차 잔치국수

채수를 우리고 난 뒤 나온 재료를 활용해 시원한 잔치국수를 만들어볼까요? 포장마차 잔치국수 바로 그 맛. 멸치 육수보다 담백하고 깔끔한 맛을 느껴보세요. 소면 대신 감자와 수제비 반죽을 넣으면 감자 수제비로 변신 가능!

조리 시간 : 20분

보관 방법 : 냉장 7일

곁들임 메뉴 : 양파 장아찌(100p)

INGREDIENT 재료

재료	분량
채수	500㎖
채수 우리고 나온 표고버섯	30g
소면 (손으로 쥐었을 때 동전 500원 크기 분량)	200g
당근	15g
애호박	30g
대파	10g
양파	70g
냉동 유부 슬라이스	20g
조미 김가루	10g
국간장	2숟가락
소금	1/2숟가락
연두	1숟가락

RECIPE

1. 표고버섯과 당근, 애호박, 대파, 양파는 모두 채 썰어주세요.
2. 큰 냄비에 물을 붓고 바글바글 끓으면 소면을 넣어 삶아주세요.
3. 바르르 끓어오르면 찬물을 1컵 붓고 계속 끓여주세요.
   : 이 과정을 두 번 반복하면 소면이 쫄깃쫄깃 맛있습니다!
4. 소면은 체에 건져 찬물에 살짝 헹궈 담아둡니다.
5. 냄비에 채수를 붓고 미리 손질해둔 채소와 냉동 유부를 넣고 센 불에 3분간 끓여줍니다.
   : 끓이는 시간은 3분을 넘기지 말아요!
6. 국간장과 소금, 연두를 넣고 간을 맞추고 3분간 더 끓여주세요.
   : 기호에 따라 양념은 조절하세요!
7. 삶은 소면을 그릇에 담고 끓인 국물을 부은 후 채소를 보기 좋게 올려주세요. 조미 김가루로 마지막 간을 완성합니다.
   : 김가루를 넉넉히 넣으면 더 맛있어요!

After School Tteokbokki

방과 후 떡볶이

학교 앞 떡볶이가 먹고 싶을 때 이 레시피를 참고하면 학창 시절로 추억 여행을 떠날 수 있습니다. 비건이라고 추억의 떡볶이를 포기하는 건 아니랍니다.

조리 시간 : 20분

보관 방법 : 냉장 3일

곁들임 메뉴 : 팽이버섯 튀김(120p)

INGREDIENT 재료

채수	1200㎖
떡볶이용 떡	40개
대파	60g
당근	30g
양파	140g
양배추	30g

SEASONING 양념장

고추장	2숟가락
고춧가루	5숟가락
진간장	2숟가락
국간장	2숟가락
설탕	4숟가락
연두	2숟가락
다진 마늘	2숟가락
후춧가루	6꼬집

전분물

물	300㎖
감자 전분 가루	2숟가락

RECIPE

1. 대파와 당근, 양파, 양배추는 먹기 좋은 크기로 썰어주세요.
2. 재료를 모두 섞어 양념장을 준비해주세요.
3. 떡볶이 떡은 미지근한 물에 20분간 불려주세요.
4. 채수에 불린 떡과 채소, 양념장을 넣고 끓여줍니다.
5. 팔팔 끓으면 중불로 줄인 후 뭉근히 끓여주세요.
   : 뭉근히 오래 끓여야 떡에 간이 잘 배어들어요!
6. 전분물을 넣고 호로록 끓이면 학교 앞 떡볶이 완성입니다.

Soya Tteokguk

콩물 떡국

보배 톡!

콩물 곰탕을 활용해 만들 수 있는 요리가 정말 많아요. 이번엔 구수하고 진한 콩물 떡국을 만들어 볼까요? 설날 채식 떡국에 도전한다면 저에게도 그 소식 꼭 들려주세요!

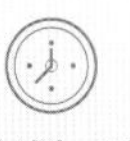
조리 시간 : 20분

보관 방법 : 바로 먹어요

곁들임 메뉴 : 깍두기(68p)

INGREDIENT 재료

콩물 곰탕(36p)	600㎖
떡국용 떡	2주먹
채담만두	6개
대파	30g
당근(혹은 양파)	30g
조미 김가루	적당량
소금 · 후춧가루	약간씩

RECIPE

1. 떡국용 떡을 미지근한 물에 10분간 불려주세요.
2. 대파는 송송 썰고, 당근은 채 썰어주세요.
3. 콩물 곰탕에 불려놓은 떡과 손질한 채소, 채담만두를 넣고 중불에서 보글보글 끓여주세요.
   : 콩물이 갑자기 확 넘칠 수 있으니 약불로 줄여 계속 저으면서 끓여주세요.
4. 떡과 만두가 익으면 불을 끈 후 소금, 후춧가루로 간을 맞춰주세요.
5. 고명으로 조미 김가루를 넣으면 일반 떡국이랑 구분이 안 될 정도로 맛있답니다.

Jjolmyeon with Mango

망고 쫄면

'엥? 쫄면에 망고라고?' 의외라며 갸우뚱할 수 있겠지만 한번 먹어보면 세상 괜찮은 조합이라는 생각이 들지도 몰라요. 자타공인 집 나간 입맛도 돌아오게 하는 쫄면! 냉동 망고를 냉동고에 쟁여두는 당신을 만나게 될 겁니다.

조리 시간 : 20분

보관 방법 : 바로 먹어요

곁들임 메뉴 : 맹물 버섯 전골(126p)

INGREDIENT 재료

쫄면	400g
토마토	100g
오이	100g
상추	4장
콩나물	100g
냉동 망고	1주먹

SEASONING 양념장

고춧가루	4숟가락
설탕	2숟가락
진간장	4숟가락
식초	8숟가락
고추장	8숟가락
다진 마늘	2숟가락
참기름	2숟가락
망고주스	10숟가락

RECIPE

1. 토마토는 4등분해 씨를 제거한 후 채 썰고, 오이는 채 썰고, 상추는 먹기 좋게 찢어 준비합니다.
2. 재료를 모두 섞어 양념장을 만듭니다.
3. 끓는 물에 콩나물을 넣고 3분간 살짝 데쳐주세요.
   : 소금 1숟가락을 넣고 끓이면 콩나물이 아삭하게 삶아집니다!
4. 끓는 물에 쫄면을 3분간 삶아줍니다.
   : 식초 1숟가락을 넣으면 쫄면이 서로 엉겨붙거나 불어나지 않습니다!
5. 삶은 쫄면은 찬물로 충분히 헹궈주세요.
6. 쫄면이 차갑게 식으면 그릇에 담고 준비한 채소와 과일을 듬뿍 올려주세요.
   : 냉동 망고가 포인트이니 아낌없이 팍팍!
7. 미리 만들어둔 양념장을 부으면 완성입니다.

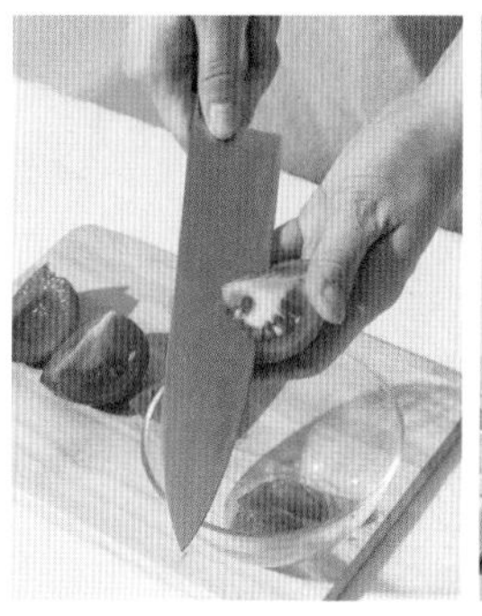

Soy Sauce Bibimguksu

간장 비빔국수

보배 톡!

간편하게 라면 하나 끓여 먹고 싶은 날에 라면 대신 간장 비빔 국수를 추천합니다. 아무런 채소 없이도 맛있어요. 들기름과 들깻가루라는 치트키가 있으니까요!

조리 시간 : 20분

보관 방법 : 바로 먹어요

곁들임 메뉴 : 표고버섯 유부 조림(108p)

INGREDIENT 재료

소면	200g
식초	1숟가락
들기름	2숟가락
조미 김가루	적당량

SEASONING 양념장

진간장	4숟가락
설탕	1숟가락
다진 마늘	1/2숟가락
들깻가루	2숟가락

RECIPE

1. 물에 식초를 넣고 소면을 삶은 후 찬물에 헹궈주세요.
   : 물이 우르르 끓어오르면 찬물 1컵을 붓고 계속 끓이세요. 이 과정을 2회 반복하면 면이 쫄깃쫄깃해져요!
2. 재료를 고루 섞어 양념장을 만듭니다.
3. 삶은 면에 양념장을 넣고 조미 김가루를 뿌려 비비면 완성입니다.

Eggplant Deopbap

가지볶음 덮밥

보배 톡!

가성비 좋은 별미 메뉴! 만들기도 쉽고 가격도 저렴한데 대접받는 듯한 느낌이 드는 음식이랍니다. 특별한 나를 위해 우리 같이 가지할래요.

조리 시간 : 20분

보관 방법 : 냉장 2일

곁들임 메뉴 : 버섯 샤부샤부 칼국수(124p)

INGREDIENT 재료

가지	240g
양파	150g
대파	150g
청양고추	2개
홍고추	1개
식용유	적당량
현미밥	2공기

SEASONING 양념장

진간장	1숟가락
국간장	2숟가락
다진 마늘	1숟가락
설탕	1숟가락
올리고당	1숟가락
참기름	1숟가락
연두	1숟가락
후춧가루	약간

RECIPE

1. 재료를 고루 섞어 양념장을 만들어주세요.
2. 가지는 먹기 좋은 크기로 잘라주세요.
   : 어떤 모양이든 상관없습니다. 너무 얇게만 자르지 마세요!
3. 양파와 대파, 청양고추, 홍고추는 모두 채 썰어주세요.
4. 프라이팬에 식용유를 두르고 손질한 채소를 모두 넣고 양념장을 조금씩 끼얹으면서 볶아주세요.
5. 센 불에서 5분 이내 빠르게 볶아주세요.
6. 오목한 그릇에 밥을 담고 가지볶음을 소복이 곁들이면 완성입니다.

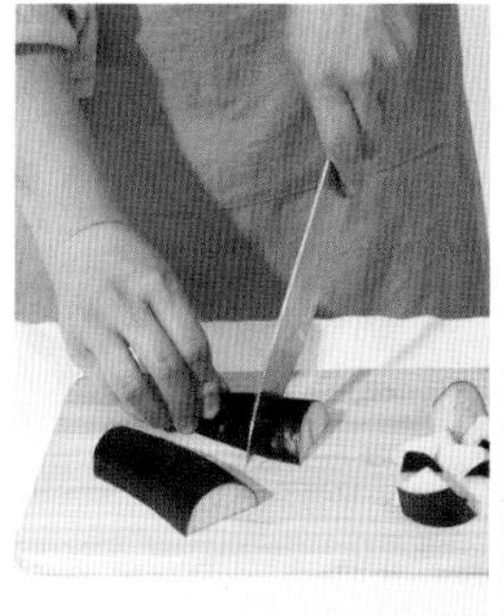

Grilled Eggplant

가지구이

덮밥에 올리거나 김밥을 만들 때 활용하기 좋은 구이 메뉴. 가지는 물컹한 줄만 알았는데 말이에요. 매력이 참 가지가지합니다.

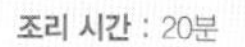

조리 시간 : 20분

보관 방법 : 냉장 2일

곁들임 메뉴 : 비건포차 잔치국수(130p)

INGREDIENT 재료

가지	240g
식용유	적당량

SEASONING 양념장

고추장	2숟가락
고춧가루	1숟가락
진간장	1숟가락
설탕	1숟가락
올리고당	2숟가락
다진 마늘	1숟가락
다진 파	1숟가락
후춧가루	약간

RECIPE

1. 가지를 0.5cm 두께로 길게 썰어주세요.
2. 재료를 모두 섞어 양념장을 만들어주세요.
3. 프라이팬에 식용유를 두르고 가지가 노릇노릇해질 때까지 구워주세요.
4. 만들어둔 양념장을 가지 앞뒤로 골고루 펴 발라주세요.
5. 프라이팬에 식용유를 두르고 양념장 바른 가지를 올려 1분 정도 한 번 더 구워주면 완성입니다.

Chicken-free Juk

닭 없는 닭죽

보배 톡!

찬밥으로 만드는 닭고기 없는 닭죽! 속 편한 음식이 먹고 싶을 때 시도해보세요. 큰 냄비에 잔뜩 끓여 냉장고에 넣어두고 아침 식사로 꺼내 먹어도 좋아요.

조리 시간 : 20분

보관 방법 : 냉장 2일

곁들임 메뉴 : 새송이 장조림(114p)

INGREDIENT 재료

※ 양이 많을 것을 가정해 1인분 기준으로 용량을 적었습니다.

채수	1ℓ
삼계 티백	1개
새송이버섯	140g
대파	70g
식용유	5숟가락
다진 마늘	2숟가락
대추채 · 은행	적당량
찬밥	1공기
연두	2숟가락
소금 · 후춧가루	약간씩

RECIPE

1. 채수에 삼계 티백을 넣고 한방 채수를 만들어주세요.
2. 새송이버섯은 먹기 좋은 크기로 찢고, 대파는 채 썰어주세요.
3. 냄비에 식용유를 두르고 다진 마늘과 대파를 넣어 파 · 마늘 기름을 만들어주세요.
4. **1**의 한방 채수 600mℓ에 새송이버섯, 대추채, 은행을 넣고 3분간 끓여주세요.
5. 찬밥과 연두를 넣고 주걱으로 으깨면서 약한 불로 30분간 뭉근히 끓입니다.
6. 소금과 후춧가루로 간을 맞춥니다.

Vegan Jjapaguri

비건 짜파구리

보배 톡!

채식 라면이 다양하지 않아 비건들은 매번 비슷한 라면만 먹곤 해요. 채식 라면을 조금 응용해 짜파구리를 완벽하게 재현해보았어요!

조리 시간 : 20분

보관 방법 : 바로 먹어요

곁들임 메뉴 : 파김치(66p)

INGREDIENT 재료

채식 라면	2개
다시마(혹은 미역)	6g
대파	30g
식용유	2숟가락
춘장	2숟가락
청양 고춧가루	적당량

RECIPE

1. 끓는 물에 채식 라면과 다시마를 넣고 중불로 3분간 끓여줍니다.
2. 면이 꼬들꼬들하게 익으면 물을 버려주세요.
3. 대파를 송송 썬 후 프라이팬에 식용유를 두르고 약한 불에 3분 정도 볶아 파 기름을 만들어줍니다.
4. 익은 면과 채식 라면 스프 2/3봉지, 춘장, 청양 고춧가루를 넣고 약한 불에서 비벼주면 완성입니다.

OUTRO

After you cook

비건 집밥을 다 먹고 나서
읽어주세요

1. 음식물 쓰레기 줄이기

2. 환경을 위한 설거지 습관 들이기

3. 작가가 추천하는 비건 식당 방문하기

4. 일반 식당에서 비건 옵션으로 주문하기

5. 제로 웨이스트 숍 방문하기

6. 환경을 위해 일상 속에서 작은 실천하기

1. 음식물 쓰레기 줄이기

- 남은 파, 마늘 등의 기본 채소는 손질해서 냉동실에 얼려 보관하세요.
- 양파, 당근, 애호박은 구입 후 바로 손질해 밀폐 용기에 넣어 냉장고에 보관하세요. 조리 시간도 줄일 수 있습니다.
- 종종 냉장고를 파먹어야 해요. 제가 구성한 레시피는 겹치는 식재료가 많아요. 장 보기 전에 냉장고에 있는 재료를 최대한 활용해 메뉴를 만들어보세요.

2. 환경을 위한 설거지 습관 들이기

- 천연 수세미와 설거지 바(고체 비누)를 구매합니다. 지구에 해가 되지 않는 제품을 사용해보세요.
- 물을 아끼기 위해 물을 받아서 설거지하는 센스 발휘해주세요.

3. 작가가 추천하는 비건 식당 방문하기

에티컬테이블

주소 경기도 성남시 수정구 복정로 57 2층

SNS @ethical_table

: 비건 초밥을 먹을 수 있는 유일한 식당

앞으로의 빵집

주소 서울시 종로구 삼일대로32가길 29-1

SNS @apbbang

: 채식 한 끼로도 손색없는 다양한 비건 빵이 만들어지는 곳

가원

주소 서울시 마포구 월드컵로 65

: 채식 짜장면은 담백, 채식 짬뽕은 얼큰, 칠리가지튀김은 겉바속촉

반미리

주소 서울시 용산구 신흥로 34 1층

: 쌀국수, 반미, 튀김까지 비건 옵션이 있는 베트남 음식점

도토리 칼국수

주소 서울시 서대문구 명물길 27-19

: 세상 칼칼하고 쫄깃한 칼국수를 비건 옵션으로 먹을 수 있는 곳

오베흐트

주소 서울시 중구 퇴계로10길 34

SNS @overte_donuts

: 요즘 가장 핫한 비건 도넛 전문점

4. 일반 식당에서 비건 옵션으로 주문하기

김밥

"햄, 달걀, 어묵, 맛살 빼고
채소 많이 넣어주세요."

비빔밥

"고기 고명과
달걀 빼고 주세요."

순두부 찌개 & 된장찌개

"해물 육수 말고 맹물에
채소 많이 넣어서 부탁드려도
될까요."

샤부샤부

"간장이랑 설탕 조금 주시면
맹물로 국물 만들어 먹을게요.
건더기는 채소만 주세요."

마라탕

"육수 대신 맹물에 채소만
넣을게요."
※ 손오공 마라탕 가게는 채수 옵션 있어요!

즉석 떡볶이

"육수 대신 맹물로 넣어주세요.
오뎅이랑 달걀은 빼고 채소를 많이
주실 수 있을까요."

5. 제로 웨이스트 숍 방문하기

알맹상점

주소 서울시 마포구 월드컵로 49 2층(망원점)
서울시 중구 한강대로 405 4층(서울역점)

SNS @almang_market

: 비건 식품을 용기에 원하는 만큼 구매할 수 있는 팝업 행사도 정기적으로 여는 곳, 서울역점은 리사이클에 초점을 맞춘 곳이고 망원점은 용기를 가져와 물건을 채워가는 리필에 초점을 맞춘 곳

지구샵

주소 서울시 마포구 성미산로 155 1층(연남점)
서울시 동작구 성대로1길 16 1층(상도점)

SNS @zerowaste_jigu

: 연남점은 베이커리를 함께 운영 중이며 개인 용기를 소지하면 할인받아 빵 구입 가능, 상도점은 종이 쇼핑백 10개를 들고 가면 대나무 칫솔 1개와 교환 가능

6. 환경을 위해 일상 속에서 작은 실천하기

- **텀블러를 핸드폰처럼**

  처음에는 들고 나가는 것을 깜박하거나 챙기기 귀찮을 수 있지만 익숙해지면 커피는 텀블러에 먹어야 제맛이라는 걸 알게 됩니다.

- **샴푸와 세제는 고체 비누 형태로, 액체 제품은 제로 웨이스트 숍에서 리필**

  여러분 그거 아시나요? 발명 당시의 그 칫솔이 아직도 썩지 않은 채 땅속에 묻혀 있다는 사실을요. 지구를 구한다는 생각으로 대나무 칫솔로 바꿔 하루 세 번 이 닦아보세요. 닥터노아 대나무 칫솔 추천합니다.

- **테이크아웃할 때 용기를 내세요**

  개인 용기를 가지고 식당에 가서 포장해보세요. 포장 용기 세척하고 분리수거해야 하는 귀찮음은 덜고 일회용품 사용은 줄일 수 있습니다.

식물성 재료만으로도 충분히 맛있고 든든합니다

오늘까지 우리는 동물성 재료가 들어간 음식을 먹고 살아왔기에 그 맛에 익숙한 것뿐입니다. 동물성 재료 없이도 별다른 것 없이 집밥 한 상 푸짐하게 차릴 수 있습니다. 그래서 오늘부터 우리는 채소를 우립니다.

Began Vegan!